中国科普作家协会　鼎力推荐

少儿科普
名人名著书系

SHAOER
KEPU
MINGREN
MINGZHU
SHUXI

典藏版

科一普一经一典　成一才一宝一典

文有仁◎著

答幻想飞向 星星的孩子

U0265179

长江出版传媒　长江少年儿童出版社

打开"科学阅读"这扇窗

成长中不能没有书香,就像生活里不能没有阳光。

阅读滋以心灵深层的营养,让生命充盈智慧的能量。

伴随着阅读和成长,充满好奇心的小读者,常常能够从提出的问题及所获得的解答中洞悉万物、了解世界,在汲取知识、增长智慧、激发想象力的同时,也得以发掘科学趣味、增强创新意识、提升理性思维,获得心智的启迪和精神的享受。

美国科学家、诺贝尔物理学奖获得者理查德·费曼晚年时曾深情地回忆起父亲给予他的科学启蒙:孩提时,父亲常让费曼坐在他腿上,听他读《大不列颠百科全书》。一次,在读到对恐龙的身高尺寸和脑袋大小的描述时,父亲突然停了下来,说:"我们来看看这句话是什么意思。这句话的意思是,它是那么高,高到足以把头从窗户伸进来。不过呢,它也可能遇到点麻烦,因为它的脑袋比窗户稍微宽了些,要是它伸进头来,会挤破窗户的。"

费曼说:"凡是我们读到的东西,我们都尽量把它转化成某种现实,从这里我学到一种本领——凡我所读的内容,我总设法通过某种转换,弄明白它究竟是什么意思,它到底在说什么……当然,我不会害怕真的会有那么个大家伙进到窗子里来，我不会这么想。但是我会想，它们竟然莫名其妙地灭绝了，而且没有人知道其中的原因，这真的非常、非常有意思。"可以想见，少年费曼的科学之思就是在科学阅读之中、在父亲的启发之下，融进了自己的大脑。

DNA 结构的发现者之一、英国科学家弗朗西斯·克里克的父母都没有科学基础，他对于周围世界的知识，是从父母给他买的《阿森·米儿童百科全书》获得的。这一系列出版物在每一期中都包括艺术、科学、历史、神话和文学等方面的内容，并且十分有趣。克里克最感兴趣的是科学。他汲取了各种知识，并为知道了超出日常经验、出乎意料的答案而洋洋得意，感慨"能够发现它们是多么了不起啊"。

所以，克里克小小年纪就决心长大后要成为一名科学家。可是，渐渐地，忧虑也萦绕在他心头：等我长大后（当时看来这是很遥远的事），会不会所有的东西都已经被发现了呢？他把这种担心告诉了母亲，母亲安抚他说："别担心！宝贝儿，还会剩下许多东西等着你去发现呢！"后来，克里克果然在科学上获得了重大发现，并且获得了诺贝尔生理学或医学奖。

一个人成长、发展的素养，通常可以从多个方面进行考量。我认为，最核心的素养概略说来是两种：人文素养与科学素养。

前些年在新一轮的课标修订中，突出强调了一个新的概念——"核心素养"。

什么是"核心素养"？即学生在接受相应学段的教育过程中，逐步形成的适应个人终身发展和社会发展需要的基本知识、必备品格、关键能力和立场态度等方面的综合表现。核心素养不等同于对具体知识的掌握，但又是在对知识和方法的学习中形成和内化的，并可以在处理各种理论和实践问题过程中体现出来。

这里，我们不从学理上去深究那些概念。我想着重指出的是：

少年儿童接受科学启蒙意义非凡。单就科学阅读来说，这不仅事关语言和文字表达能力的培养，而且与科学素养的形成与提升密切相连。特别是，通过科学阅读，少年儿童的认知能力、想象能力和创造能力等都能得到滋养和发展，可为未来的学习打下良好的智力基础。

现代素质教育十分看重孩子想象力和创造力的培育。国家领导人也发出号召：要让孩子们的目光看到人类进步的最前沿，树立追求科学、追求进步的志向；展开想象的翅膀，赞赏创意、贴近生活、善于质疑，鼓励、触发、启迪青少年的想象力，点燃中华民族的科学梦想。

想象力、创造力的形成和发展，又与科学思维密切相关。早在一个多世纪之前的1909年，美国著名教育家约翰·杜威就提出，科学应该作为思维方式和认知的态度，与科学知识、过程和方法一道纳入学校课程。长期以来，人们一直也希望孩子们不仅要学习科学知识与技能，掌握科学方法，而且要内化科学精神和科学价值观，理解和欣赏科学的本质，形成良好的科学素养。

在所有的课程领域中，科学可能是发现问题和解决问题之重要性的最为显而易见的一个领域。科学对少年儿童来说具有其特殊的作用，因为可以从生活与自然中很巧妙地利用孩子们内在的好奇心和生活经历来了解周围世界。

今天的学校里，大多都设置了科学课程，且其重点和目标也由过去的强调传授基础知识和基本技能，转向了对科学研究过程的了解、情感态度和价值观以及科学素养的培养，以期为孩子们后续的科学学习、为其他学科的学习、为终身学习和全面发展打下基础。

除学校的科学课程之外，孩子们了解科学，通常主要是在家长的引导下开展科学阅读。这无疑也是培养少年儿童科学兴趣并提升其科学素养的一条有效途径，家长们应该予以重视，不要以为孩子们在学校里上了科学课，科学的"营养"就够了。著名教育家朱永新曾经把教科书形容为母乳，并总结出读书的孩子可以分为四种，值得我们深思：

一种既不爱读教科书，又不爱读课外书，必然愚昧无知；

一种既爱读教科书，又爱读课外书，必然发展潜力巨大；

一种只读教科书，不读课外书，发展到一定阶段必然暴露自身缺陷和漏洞；

一种不爱读教科书，只爱读课外书，虽然考试成绩不理想，但是在升学、就业受阻后，完全可能凭浓厚的自学兴趣，另谋出路。

这番总结似可昭示我们，阅读能力更能准确地预测一个人未来的发展走向，同时显出了课外阅读的重要性。这样看来，读物的选择与阅读的引导就非常关键了。

"昨天的梦想，就是今天的希望和明天的现实。"许多成就卓著的科学家和科技工作者，都是在优秀的科普、科幻作品的熏陶与影响下走进科学世界的。好的科学读物可以有效地引导科学阅读，激发读者的好奇心和阅读兴趣，乃至产生释疑解惑的欲望，进而追求科学人生，实现自己的梦想。

为致敬经典、普及科学，长江少年儿童出版社在中国科普作家协会的指导和支持下，精心谋划组织，隆重推出了"少儿科普名人名著"书系，产生了广泛的社会影响：入选国家新闻出版总署2009年（第六次）向全国青少年推荐的百种优秀图书，荣获第二届中国出版政府奖图书奖。此次全新呈现的典藏版，除了收录老版本中的经典作品外，还甄选纳入一批优秀的科普作品，丰富少儿读者的阅读。

书页铺展开我们认识世界的一扇扇窗，也承载我们的梦想起航。愿书系的少年读者们，在阅读中思考，在思考中进步，在进步中成长！

尹传红

Contents · 目录

一、嫦娥奔月——神话与现实

中秋月夜的神话

中秋节,农历八月十五,天空晴朗,万里无云。一轮明月高挂在天上,在黝黑的天空和稀疏的星星映衬下,显得分外皎洁。秋风拂面,凉爽惬意。

孙女和爷爷坐在院子里吃着月饼瓜果,纳凉赏月。孙女望着月亮上一片片灰色的阴影,脑中浮想联翩。

"爷爷,爷爷,月亮上面都有什么?月面上那些灰暗的阴影都是些什么呀?它离我们远不远?我们能不能飞上去?"

爷爷笑盈盈地回答:"你们这一代人当中,肯定会有人能飞到月亮上去。20世纪60年代末70年代初,地球上已经有12人登上月球并平安回到地球。飞到月亮上去,是我们祖先世世代代的美好梦想。古时候,人们还没有办法飞向月亮,编了许多关于月亮的神话,一直流传到今天。"

爷爷接下去娓娓讲述了一个凄美的神话:

"传说月面上那些灰暗的阴影是一座很大很大的宫殿,叫作'广寒宫',里面住着美丽的女神嫦娥。嫦娥就是好多好多年以前从地球飞上去的……"

两千多年前编写的《尚书》《山海经》《淮南子》等书都记载了这个神话。

远古的时候,大地上出现了许多猛禽凶兽,残害世人。至高无上的天帝派勇猛的天神后羿下凡,为世人除害。后羿带着美丽的妻子嫦娥来到人间。后羿是一位神箭手,射出的箭百发百中。后羿很快消灭了许多害人的动物。

你也许知道一个词语:天无二日。意思是天上不能有两个太阳。可是,古代有另一种传说,天上一度有十个太阳。

后羿刚下凡时,天上只有一个太阳,百姓安居乐业。有一天,天上突然同时出现了十个太阳。森林、庄稼着火了,河流干涸了,不少人被烤死,百姓无法生活了。原来,十个太阳都是天帝的儿子,本来应当每天轮流出来一个到天空,照耀大地,滋养万物生长。可是后来,他们突发奇想,十个结伴儿出来玩。他们一块儿出现在天空,俯瞰大地。后羿劝告十个太阳,请他们还是每天轮流出来一个。可是太阳兄弟们根本不听后羿的话。看到多次劝告都没有效果,地面到处燃起熊熊烈火,百姓尸横遍野,后羿实在忍无可忍,便挽起神弓,搭上神箭,向太阳射去,一口气射下了九个太阳,留下最后一个太阳照耀大地,滋养万物。

后羿为人间除了大害,却得罪了天帝。天帝大发雷霆,不许后羿夫妇回到天上,把他们从天神贬为凡人。作为凡人,他们不能避免生老病死的命运。

后羿听说住在昆仑山顶、瑶池近旁的神仙西王母有灵药,吃了这种药就可以长生不老。他历经千辛万苦,找到了西王母。西王母十分同情为百姓立了大功的英雄后羿,把自己手头不多的灵药都给了他,告诉他,两人分食灵药,都可以长生不老。后羿把灵药带回家,交给心爱的妻子嫦娥保管。在八月十五中秋节月亮最明的时候,后羿不在家,嫦娥偷偷把灵药一口气吃了下去。这时,她觉得身体越来越轻,缓缓向天上飘去,最后来到月亮上,住进了广寒宫。没想到,广寒宫的生活是那么孤寂冷清。她十分怀念昔日同后羿在一起的时光,可再也不可能回到地上。后羿不久就去世了。

每年八月十五月亮最美的时候,嫦娥就会满怀悔意地俯瞰大地,想起在人间同后羿一起的幸福生活。唐代诗人李商隐为此写了这样一句有名的诗:"嫦娥应悔偷灵药,碧海青天夜夜心。"每年这天夜晚,人们会在皎洁的月光下摆上供桌,点上一炷香,放一盘月饼,纪念他们。

《山海经》还记载了有关月亮的另一个神话——吴刚伐桂。

远古时代有一位名叫吴刚的人。他告别了妻子,离开了家庭,去学仙道。他三年后回来,发现家里多了三个孩子。原来是他的妻子和炎帝的孙子伯陵生的。吴刚一怒之下杀了伯陵。这一下惹怒了炎帝,炎帝把吴刚发配到月亮上,命令他砍伐月亮上的不死之树——月桂。月桂高达五百丈,斧子砍下去,刚一抽出,树的创口就马上愈合。日复一日,吴刚始终砍不倒这棵桂树。炎帝就是利用这种永无休止的劳动作为对吴刚的惩罚。吴刚的妻子对丈夫的遭遇感到内疚,便让她的三个儿子飞上月亮,陪伴吴刚,一个变成蟾蜍,就是我们平常说的癞蛤蟆;一个变成白兔;另一个不详。

传说,吴刚伐桂之余,还酿出了天下第一美酒——桂花酒。

毛主席一首提到嫦娥与吴刚的词

毛泽东于 1957 年 5 月 11 日写了一首词《蝶恋花·答李淑一》:

我失骄杨君失柳,

杨柳轻飏直上重霄九。

问讯吴刚何所有,

吴刚捧出桂花酒。

寂寞嫦娥舒广袖,

万里长空且为忠魂舞。

忽报人间曾伏虎,

泪飞顿作倾盆雨。

"骄杨"指毛泽东的夫人杨开慧烈士,她在从事革命斗争时于 1930 年 11 月牺牲。"柳"指李淑一的丈夫柳直荀烈士,1932 年,他在湖北洪湖革命根据地的战斗中牺牲。"伏虎"指中国人民取得革命胜利。

看来,嫦娥和吴刚虽远在月亮上,仍然心系人间哩!

真实的 "嫦娥" 飞向月球

上述的神话反映了我国人民世世代代的幻想——飞到月亮上。这个幻想已成为现实。2007 年,一位真实的 "嫦娥"——我国制造的 "嫦娥一号" 月球探测卫星已经飞往了月球。

"嫦娥一号" 月球探测卫星是 2007 年 10 月 24 日在四川省西昌卫星发射中心由 "长征三号甲" 运载火箭发射升空的。"嫦娥一号" 经过 11 天的长途旅行,11 月 5 日飞到了远离地球 38 万多千米的月球身旁。这时,它离月球表面仅 200 千米,正式进入了工作轨道,开始了它亲眼 "看" 月球的历程。11 月 20 日 "嫦娥一号" 第一次告诉我们它近距离 "看" 月球的结果,传回它对月球探测的第一批数据。11 月 26 日,国家航天局正式公布 "嫦娥一号" 卫星传回的第一幅月面图像。

我们终于可以近距离观察月球了。可是,在 "嫦娥一号" 看到的月球上,既没有广寒宫,也没有嫦娥,有的只是一片荒凉的世界。

你也许会问,既然如此,我们为什么要到月球上去呢? 到月球上去有什么意义? 运载火箭是怎么回事? 它为什么能把 "嫦娥一号" 送往月球?

让我们从半个世纪前天空出现的一颗不平常的星星开始谈起吧。

一颗不平常的星星

1957年10月的一天傍晚，天空蓝得像一池水，深得看不见底。太阳已经接近西边的山头，好像一个鲜红的大圆盘，显得特别柔和，特别美丽。不一会儿，太阳渐渐沉入重叠的山背后去了。天空的颜色由淡淡的蔚蓝变为越来越深的宝蓝。

不知道什么时候，天空里稀稀落落地出现了几颗星星。接着，不知不觉地，星星已经撒满了整个天穹。它们不断地眨着眼睛，好像在向你招呼："到我这儿来玩吧！"

忽然在西北的天边，升起了一颗明亮的星星。它在别的星星中间慢慢地移动，发出耀眼的光芒，经过天顶，向东南方飞去。

这不是流星。流星从天空一划而过，一会儿就不见了。这个星星却移动得很缓慢。它划过整个天穹，最后消失在天边。

会不会是夜航飞机的灯光呢？不会的。夜航飞机有好几盏灯，而且移动的速度比它还慢。

原来这是一颗人造的星星——人造地球卫星，是人类劳动和智慧的结晶。

人造卫星是怎样"登天"——飞出地球去的？让这种星星飞出地球去，必须克服哪些困难？人们能够乘坐这种星星，到其他星球上去旅行吗？

你一定很希望了解这些问题，甚至希望乘坐这种星星飞出地球去旅行。那么，现在就让我们来看一看，在飞出地球去的道路上，人们如何迈开了最初的几步吧！

二、登天的梯子

飞机和气球能不能飞出地球去

飞机和气球都是空中的骄子。飞机是最快的空中旅行家，气球是高空观测的能手。它们帮助人们离开大地，使人们能够像鸟儿一样在空中遨游。

人们能不能乘着飞机和气球，一直往上飞，飞出地球，飞到月球和其他星球上去呢？

不能。

为什么呢？

我们先来看看，飞机和气球为什么能够在空中飞行吧！

飞机有一对很大的翅膀，翅膀的上面微微有些弯曲，下面却比较平。飞机前进的时候，空气从翅膀的前方流到后方。因为翅膀的上面和下面的形状不同，从翅膀上面流过去的空气速度比较快，压在翅膀上的力量就比较小；从翅膀下面流过去的空气的速度比较慢，顶着翅膀的力量就比较大。于是，翅膀下面的空气把飞机托起来了。

气球升到空中去的道理与飞机不同。气球没有翅膀，却有一个"大肚子"，肚子里面装满了比空气轻得多的气体。所以整个气球的比重，比空气还要轻。气球比空气轻，自然就被空气托起来了，就好像把木块按到水底下，木块会被水托上来一样。

所以飞机也好，气球也好，都是依靠空气托着往上升的。

空气越到高处越稀薄。你看过电影《攀登者》吧？登山运动员都背着一个氧气筒。这就是因为珠穆朗玛峰很高，山上的空气太稀薄，不够人们呼吸用的，所以登山运动员得自己把氧气带上山去。

珠穆朗玛峰的海拔高度，2020年我国再次精确测量结果为8848.86米，峰顶离海平面还不到9千米，而山上的空气已经相当稀薄了。在20千米的高空，空气密度只有地面的1/13；在40千米的高空，只有地面的1/300；在100千米的高空，只有地面的1/1500000。

空气太稀薄，力量很小，就托不动飞机，也托不动气球了。

你一定知道，星际空间根本没有空气。飞机和气球离开了空气就不能飞行，因此人们就不可能指望乘坐飞机或者气球飞到其他的星球上去了。

人们必须寻找别的工具，寻找不依靠空气就能飞行的工具。

炮弹哪里去了

什么东西不需要空气就能飞行呢? 人们想到了炮弹。

炮弹被火药推出了炮筒,就会飞到空中去,不需要空气的帮助。这时候,空气不但不给炮弹帮忙,反而要阻挡,使它的飞行速度逐渐减慢。要是在真空的环境里,炮弹没有了空气的阻力,还可以飞得更远。看来,炮弹真是飞向星际空间的好工具。

那么炮弹到底能不能飞出地球去呢?

17 世纪,欧洲就有两个人做了这样的试验。一个是僧侣,名叫麦尔森;一个是军人,名叫普奇。他们把一门大炮端端正正地竖起来,炮口正对着天顶。他们想:这样打出去的炮弹如果落回来,一定会落在炮筒里;如果不落回来,就说明炮弹已经飞出地球,飞到宇宙空间去了。他们试验了好几次,结果都一样,射出去的炮弹都没有飞回来。他们得出了一个结论:炮弹的确是飞到宇宙空间去了。

19 世纪,法国科学幻想小说作家儒勒·凡尔纳写了一本科幻小说——《从地球到月球》。在这本小说里,作者也肯定炮弹是能飞出地球去的。

凡尔纳是这样写的:美国巴尔的摩有一个大炮俱乐部。有一天,俱乐部成员们产生了一个奇怪的念头。他们想,能不能坐着炮弹飞到月球上去呢? 于是他们动手建造一门特殊的大炮。这门大炮口径有 3 米,长 300 米。炮弹是铝做的,弹壳厚 30 厘米,里面坐了三个人,大炮轰的一声,就把坐在炮弹飞船里的人送到月球上去了。

麦尔森和普奇的炮弹,真的飞出地球去了吗?巴尔的摩大炮俱乐部的炮弹飞船,真的能飞到月球上去吗?

不,这是不可能的。麦尔森和普奇的炮弹肯定落到地面上来了,巴尔的摩大炮俱乐部的炮弹飞船也肯定到不了月球。

我们都有这样的经验,我们往天上扔石子,不管扔得多高,石子一定会掉下来。炮弹尽管飞得比石子高得多,最后也还是会掉下来的。那么,麦尔森和普奇为什么没找到他们打出去的炮弹呢?他们没有考虑空中多少总有些风,会把炮弹吹向一旁;再说,他们的炮筒也不见得和地面完全垂直。炮弹飞得很高,方向稍稍歪一点就会偏得很远。所以他们的炮弹一定是落到比较远的什么地方去了。

为什么石子和炮弹一定会落到地面上来呢?

这是地球把它们拉回来的。地球有一股巨大的力量,它使劲地把一切东西都往下拉。这股力量就是地球引力。

地球引力还使从空中掉下来的东西越掉越快,每过 1 秒钟,使它的速度增加 9.8 米 / 秒。所以一个东西从空中掉下来,在第一秒钟内,落下 4.9 米〔第一秒一开始还没有速度,即初速度为 0,而在第一秒结束时速度已达到 9.8 米 / 秒,所以第一秒钟下降的幅度应当是 (0 + 9.8) ÷ 2 = 4.9 米〕;第二秒钟内,又落下 14.7 米〔4.9 + 9.8 = 14.7 米〕;第三秒钟内,再落下 24.5 米〔14.7 + 9.8 = 24.5 米〕……

同样的,对于正在上升的东西,地球引力也把它往下拉,使它越升越慢,每过 1 秒钟,它上升的速度降低 9.8 米 / 秒。炮弹刚射出炮口,它的速度大约是 1000 米 / 秒;以后每过 1 秒钟,速度就降低 9.8

儒勒·凡尔纳

米/秒;过了大约100秒钟,它的速度就降到0了。这时候,它就不能再往上升,反而回过头来往下掉,而且越掉越快,最后落到地面上来。

麦尔森和普奇的炮弹的结局就是这样,凡尔纳幻想中的炮弹飞船,也绝不可能变成现实。要飞出地球去,必须想办法克服地球引力。

牛顿的大炮

17世纪,英国有个科学家叫牛顿,他已经想到了克服地球引力的办法。在一本书里,他写了这样一段话:

"如果在山顶架起一门大炮,用火药的力量把一个炮弹平射出去,炮弹在落到地面以前,会沿着一条曲线飞过一段距离。如果没有空气的阻力,我们使炮弹的速度增加一倍,它飞行的距离也差不多增加一倍;如果速度增加10倍,飞行的距离也会增加10倍。只要增加速度,就可以随意增加飞行的距离。因此,只要把速度加大到一定程度,就可以使炮弹绕着地球转,甚至飞入宇宙空间,直到无限远。"

这就是说,只要有足够的速度,炮弹就可以环绕着地球飞行,而不掉到地面来。也就是说,加快速度可以克服地球引力。

为什么有了足够的速度,就可以克服地球引力呢?

前面说过,在空中飞行的东西,被地球引力拉着往下掉,在第1秒钟内,它要往下掉4.9米。我们知道,地球是圆形的。要是炮弹飞得很快,尽管在第1秒钟内,它掉下了4.9米,而在它飞过的这一段路程上,地面也向里弯了4.9米。结果,炮弹同地面的距离仍然没有改变。

我们看一看附图就很清楚了。炮弹原来在 A 点，A 点距离地面 200 千米。如果没有地球引力，1 秒钟以后，它应该飞到 B 点。可是地球引力把它拉下了 4.9 米，所以它实际上飞到了 C 点。C 点虽然比 A 点低了 4.9 米，可是 C 点下面的地面比 A 点下面的地面也向里弯了 4.9 米（不考虑地形等因素影响），所以 C 点和地面的距离仍然是 200 千米。这样虽然炮弹不断地往下掉，可是它始终掉不到地面上来，就好像月球一样，老是围绕着地球转圈子，成了地球的一个卫星——一个人造的卫星。

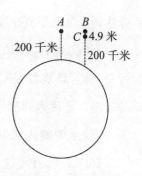

三个宇宙速度

牛顿的假想，引起了许多科学家的兴趣。炮弹究竟要飞得多快，才能环绕着地球不断地转圈子呢？原来，速度要求非常高，至少得达到 7.9 千米 / 秒。

7.9 千米 / 秒，这个速度叫作环绕速度，也叫作第一宇宙速度。要是炮弹飞得更快一些，会发生什么情况呢？

炮弹飞得越快，它转的圈子就越大。当它的速度达到 11.2 千米 / 秒的时候，地球引力就拉不住它了。也就是说，它摆脱了地球引力，真的飞出地球去了。

11.2 千米 / 秒，这个速度叫作脱离速度，也叫作第二宇宙速度。炮弹达到了第二宇宙速度,摆脱了地球引力,是不是就可以随意乱跑呢?

不成,还有太阳的引力在拉着它。它只能跟地球、金星、火星等行星一样,环绕着太阳转圈子,成为太阳的一个新行星——一个人造的行星。要使炮弹摆脱太阳的引力,还要加快它的速度,科学家计算了一下,至少要达到 16.7 千米 / 秒。

16.7 千米 / 秒,这个速度就叫作第三宇宙速度。炮弹如果能够达到这个速度,就可以飞出太阳系,飞到无边无际的宇宙深处去了。

你瞧,速度在这里有多么重要啊!

7.9 千米 / 秒,这是不让地球引力拉下来的最起码的速度。可是实际上,普通炮弹射出炮口的时候,它的速度只有 1 千米 / 秒左右,相比之下还差得远哩。

能不能使炮弹的速度达到 7.9 千米 / 秒呢?

要这样做,只有两条路可以走:一条是使炮弹射出炮口的时候,速度就是 7.9 千米 / 秒;另一条是在炮弹射出炮口以后,使炮弹的速度逐渐加快到 7.9 千米 / 秒。

你一定知道,炮弹是靠装在炮膛里的火药爆炸的力量推出炮口的。要使炮弹射出炮口的时候,速度增加近 7 倍,就得用一种非常猛烈的火药。这种火药现在还没有找到,看来将来也不大可能找到。

那么能不能在炮弹飞出炮口以后,逐渐加快它的速度呢?

这也办不到的。炮弹本身没有动力装置,也不带燃料。它射出炮口的时候速度有多快,以后至多只能保持这个速度。

所以人们要飞出地球去,必须找到另一种飞行工具。这种飞行工具得具备两个最基本的条件:

（1）它飞行的时候，不依靠空气。也就是说，它能够在真空的环境中飞行。

（2）它本身有动力装置，带有燃料。在飞行的时候，它自己能够逐渐加快速度。

有没有这样的飞行工具呢？

有。我们在春节时玩的"钻天"，就是这样的一种飞行工具。

钻　天

"钻天"是一种拴着一根细秫秸的爆竹，有的地方管它叫"起花"，也有的地方管它叫"九龙""二踢脚"。你点着了"钻天"的火药线，它就向后喷出一串火花，嗦的一声，钻到天空里去了。

"钻天"是靠什么飞上天去的呢？

"钻天"里装满了火药。火药燃烧的时候，就生成大量的气体。这些气体从钻天下面的口子往外喷，就把钻天推到天空里去了。

为什么朝下喷的器具，却能够把"钻天"向上推呢？

你坐过小木船吧？上岸的时候，你用脚使劲把船头往后一蹬，就跳上了岸。可是船呢？船倒退了，离开了岸边。船倒退，是你蹬得它倒退的；你跳上岸，却是船把你推上岸来的。原来在你用脚使劲蹬船头的时候，同时产生了两股力量：一股叫作"作用力"，就是你蹬船头的力量；一股叫作"反作用力"，就是船把你推上岸来的力量。

作用力和反作用力是同时产生的，它们大小相同，方向恰好相反。

还可以做个试验，你把船划到湖中央，停住了，再拿起一块大石头，使劲朝前面扔过去，船也会朝后面退一段路。

　　这时候你扔石头的力量就是作用力，石头同时也推你的手，这股力量就是反作用力。你坐在船上，跟船连在一起，所以船就被推得往后退了。

　　你也许会问：作用力和反作用力既然大小相同，为什么石头扔出去那么远，而船只退后了一点点呢？

　　因为石头比船轻得多。用同样大小的力量，扔轻重不同的两样东西，当然轻的东西要扔得远些。

　　"钻天"就是被朝下喷的气体所产生的反作用力推到天空中去的。它完全不需要空气帮它的忙。

　　那么为什么"钻天"到末了仍然要掉下来呢？

　　你一定能够回答：还是因为速度不够。要知道，"钻天"的速度达到最快的时候，也还赶不上炮弹哪！可是我们别忘记，"钻天"跟炮弹不同，它本身有动力装置，还带着燃料——火药。我们只要在动力装置和燃料上打主意，就可以使"钻天"加快速度。

　　现代的火箭就是根据"钻天"的原理制造的。火箭本身有动力装置，还带着燃料。燃料点着以后，就产生一股气体，从朝下的喷口喷出来。把火箭推上天空去，就是这股气体喷出来的时候产生的反作用力。

　　当然，火箭的构造比"钻天"复杂得多。下面就让我们来看看，火箭的高速度是怎样得到的吧！

为高速度而奋斗

前面说过，一件东西要达到 7.9 千米 / 秒的速度，才能绕着地球转圈子，不至于被地球引力拉下来。但是实际上，这个速度还是不够的。因为地球外面包着很厚的一层空气，火箭穿过这层空气的时候，就会受到空气的阻挡，速度会逐渐降低。因此火箭要穿过大气层，绕着地球转圈子，至少得有 9 千米 / 秒的速度才行。

火箭怎样才能在穿过大气层之前，达到 9 千米 / 秒的速度呢？

也许有人会说，这有什么难办，只要让火箭多带一些燃料。燃料不断地燃烧，火箭就不断地喷气，到最后总能达到 9 千米 / 秒的。

这个办法说起来简单，实际上却行不通。

燃料必须装在燃料箱里。要多带燃料，就得用更大的燃料箱。燃料箱越大，火箭就变得越重。火箭越重，要加快速度就更加困难。根据现代的技术条件来计算，火箭的空壳和其他各种装备，至少得有燃料的 1/5 重。到了这个限度，燃料的重量增加，燃料箱和其他装备的重量就得相应地增加。我们知道：用 5 千克的力气扔一块 1 千克重的石头，不会比用 2.5 千克的力气扔一块 0.5 千克重的石头扔得更远。结果燃料虽然增加了，火箭速度却不能加快。

那么能不能使火箭的空壳和其他装备的重量再减轻一些呢？

根据计算，用一般的燃料，使火箭达到 9 千米 / 秒的速度，燃料的重量应该等于火箭的空壳和其他装备重量的 39 倍左右。也就是说，一支 1000 千克重的火箭，火箭空壳和其他装备的重量只能占 12.5 千克左右。鸡蛋的蛋清和蛋黄的重量，只是蛋壳重量的 11 倍，而蛋壳已经很薄，轻轻一砸就碎了。如果燃料比燃料箱重 39 倍，这个燃料箱一定薄得像纸一样，怎么还能装燃料呢？何况火箭还必须有发动机、控制仪器等其他装备。

所以要使火箭达到绕地球转圈子的速度，还得另找出路。

出路终于找到了，这是伟大的苏联科学家齐奥尔科夫斯基的功绩。他第一个想出了火箭列车的设计。这种火箭列车能够用来加快宇宙飞船的速度，使它不但能达到第一宇宙速度，绕着地球转圈子，成为一个人造卫星；还能达到第二宇宙速度，绕着太阳转圈子，成为一个人造行星；甚至达到第三宇宙速度，飞出太阳系，飞向无边无际的宇宙空间。

下面我们就来谈谈，火箭列车是怎么把宇宙飞船送到地球外边去的。

火箭列车

火箭列车就是由几支火箭连接在一起而组成的一支大火箭，所以也叫作多级火箭。

为什么单独的一支火箭不能使宇宙飞船达到宇宙速度，而许多支火箭组成的多级火箭，却能够使宇宙飞船达到宇宙速度呢？

让我们看一看，多级火箭是怎样飞行的吧。

多级火箭发射的时候,第一级——也就是最下面一级先发动,把整个火箭推向空中,并且达到一定的速度。这时候,第一级火箭里的燃料烧完了,它就自动脱落。第二级火箭马上跟着发动,继续把火箭余下的部分向上推,并且继续加快速度。等到第二级火箭里的燃料烧完了,它也自动脱落。第三级火箭马上跟着发动,也继续把火箭余下的部分向上推,并且继续加快速度。如果每一级火箭能够使速度加快 3 千米 / 秒,那么到第三级火箭里的燃料烧完的时候,余下的部分的速度就达到 9 千米 / 秒。它穿过大气层,受到了空气的阻力,速度虽然减小了一些,但是也超过了 7.9 千米 / 秒,所以能绕着地球转圈子,不再掉下来了。

多级火箭之所以能达到这样高的速度,主要因为它在消耗了一部分燃料以后,就扔掉了一部分空壳和发动机等其他装备,使余下的部分越来越轻。余下的部分越来越轻,继续加快速度所需要的燃料就越来越少了。这真是一个聪明绝顶的好办法。

所以多级火箭必须做得一级比一级小。例如有一支三级火箭,它的第三级,也就是最后一级里,装着一个 1 吨重的宇宙飞船;火箭的外壳和其他装备的重量跟它的运载物宇宙飞船相等,也是 1 吨;燃料的重量是火箭外壳、装备和运载物的 3 倍,即 6 吨,那么第三级火箭总重量就有 8 吨。这 8 吨重的第三级火箭,就是第二级火箭的运载物。如果第二级火箭外壳和其他装备的重量也和运载物相等,是 8 吨;燃料的重量也是火箭外壳、其他装备和运载物的 3 倍,那么这两级火箭的总重量就是 64 吨。而这 64 吨重的两级火箭,就是第一级火箭的运载物,如果第一级火箭的外壳、装置和燃料,跟运载物的重量的比例不变，那么整个火箭就应该重512吨。

要减少各级火箭的重量的比例，可以从改进设计、材料、燃料等方面想办法。科学家在这个问题上已经花了不少心血，但是直到现在，发射一艘1.5吨重的环绕地球飞行的宇宙飞船，所用的多级火箭还需要130吨重。

多级火箭之所以这样重，主要是因为它带的燃料多。燃料要是带得不够多，它就不可能发出发射一艘宇宙飞船所需要的巨大力量。

苏联科学家齐奥尔科夫斯基早在几十年前，就找到了飞出地球去的基本原理，并且指出多级火箭是飞出地球去的最好工具。但是为什么又过了许多年，宇宙飞船才发射成功呢？

找到了基本原理，只是像我们在行军中找到了正确的前进方向，并不等于已经到达目的地。要到达目的地，我们还得一步一步往前走，翻过一座又一座高山，跨过一条又一条大河。人们在飞出地球去的道路上，正是这样闯过了一重又一重的难关，才获得了初步的成功。

三、开拓飞向太空的道路

寻找燃料

前面说过，火箭里的燃料点着以后，就会向下喷气。火箭就是靠喷气的反作用力推上天空去的。可见燃料的好坏，会直接影响火箭的速度。所以人们为了给发射宇宙飞船的多级火箭找燃料，花费了不少心血。

对于多级火箭来说，什么样的燃料才算是好燃料呢？

第一个条件是：燃料的单位质量发热量要高。如果有甲、乙两种燃料，在燃烧的时候，1千克甲燃料发出的热量比1千克乙燃料发出的热量多，那么甲燃料就更适合用在多级火箭上。

为什么多级火箭需要单位质量发热量高的燃料呢？

燃料的单位质量发热量越高，燃烧的时候产生的气体的温度就越高。气体的温度越高，它的体积就越膨胀。气体越膨胀，从喷口喷出来的速度就越快，产生的反作用力就越大，就能使火箭上升的速度更快。

第二个条件是：燃料的比重要大，也就是说，单位质量的体积要小。

你一定知道，1千克煤只有一小块，1千克木柴也只有一小把，1千克秫秸却有一小捆。燃料的比重越小，单位质量的体积就越大，携带起来就越不方便。

火箭用的燃料比重较大，燃料箱就可以做得小一些，整个多级火箭也就可以做得小一些、轻一些。

第三个条件是：燃料要比较稳定。这就要求燃料本身不容易爆炸，它对燃料箱和动力装置的腐蚀性要小，燃烧的时候容易控制。

此外，当然还得要求燃料容易生产，成本比较低。

那么，什么燃料符合这些条件呢？

普通的火箭常常用火药做燃料。但是把火药用在发射宇宙飞船的多级火箭上，好像不大合适。火药的单位质量发热量还不够高，燃烧后气体喷出来的速度只能达到1500～2000米/秒。火药还有个很大缺点，一点燃，往往在几秒钟之内就烧完了，很不容易控制，不能很平稳地把多级火箭推上天空去。

为什么火药燃烧的时候不容易控制呢？

我们知道，燃烧就是剧烈的氧化作用。燃烧的时候必须有能够氧化的东西，也必须有供给氧的东西。火药里同时含有这两种东西，所以一点燃就猛烈地燃烧起来，一刹那全部烧完了。

固体的燃料一般都有这样的缺点，所以许多科学家都主张不给多级火箭装固体燃料，而装液体燃料。

多级火箭用的液体燃料是把燃烧剂和氧化剂分开来贮存的。举个例子说，燃烧剂是酒精，氧化剂是液态氧，它们分别贮存在两个燃料箱里。它们各自通过管子流向燃烧室，在燃烧室里混合之后才开始燃烧，所以只要把管子关闭，燃烧就立刻停止。当然也可以把管子开大一些或关小一些，这样可控制燃烧的进行。

多级火箭最常用的液体燃料有酒精和液态氧，还有汽油和硝酸。这两组液体燃料的单位质量发热量都比火药高，喷气速度可以达到2600～2800米/秒，并且这些燃料的价钱都比较便宜。

多级火箭也可以用液态氢和液态氧做燃料——在这里能够氧化的是液态氢；还可以用液态氢和液态氟做燃料——这里虽然没有氧，但是氢和氟化合的时候，也会发出很多热量，情形和氧化一样。这两种燃料的喷气速度可以达到4000米/秒。

可是液态氢和液态氟都有很大的缺点。液态氢的比重太小，只有水的1/15左右。用液态氢做燃料，需要很大很大的燃料箱，这就增加了多级火箭的体积和重量。液态氟的腐蚀性太强，不容易找到合适的材料来做它的燃料箱和动力装置。

固体燃料虽然有许多缺点，但是也有一个重大的优势：它所需要的火箭结构比较简单。因此，现在有些科学家又在打它的主意，看看它的缺点有没有什么办法弥补。

现在，多级火箭虽然已经把宇宙飞船送到太空去了，但人们为它寻找十全十美的燃料的工作还在继续进行。

战胜高温

你看见过流星吗？它在天空里一晃而过，留下一道耀眼的亮光。

流星是在宇宙间游荡的小石块或小铁块。它们离地球最近的时候，受到了地球的引力，就飞快地落到地球上来。在穿过大气层的时候，它们不断地跟空气分子碰撞，温度不断升高，结果燃烧起来，发出一道雪白的光。

多级火箭上升的时候，要穿过大气层，宇宙飞船从天外归来，也要穿过大气层，它们会不会碰到同样的遭遇呢？

多级火箭的问题倒还不太严重，因为它上升的速度是逐渐加快的。在空气稠密的低空里，它飞得还比较慢；等到速度加快，它已经到了空气稀薄的高空里；再过几分钟，它就飞到没有空气的星际空间去了。它的温度还不至于升得太高。

宇宙飞船返回地面的情形就严重得多。它从天外归来进入大气层的时候，速度还有 7.9 千米 / 秒左右。越接近地面，空气越加稠密，它的温度就会越升越高。如果事先没有防御，它就会像流星一样，发出一道雪白的光，烧成灰。

据计算，宇宙飞船穿过大气层落到地面上，大约要花半个小时，它如果不烧毁，表面的温度可能达到 5000℃。

5000℃，这是多么高的温度呀！太阳表面的温度也只有 6000℃。宇宙飞船如果没有特殊的防护，要既不烧毁又不熔化，是不可能的。

为了使多级火箭安全地穿出大气层，又安全地回到地面上来，人们想了许许多多的办法。

　　第一个办法是找出耐高温的材料来做多级火箭和宇宙飞船的外壳。钢在这里是不中用的，它到了1400℃就熔化了。铂算是比较难熔化的材料，但是到了1700℃以上也要熔化。钨要到3400℃左右才熔化，电灯泡里的灯丝就是用钨做的。可是电灯泡一漏气，灯丝一下子就烧断了。可见钨在空气中很容易燃烧。

　　这些金属都用不上，人们就想到了合金。

　　合金是两种或两种以上的金属熔成的新金属。古代的青铜器，就是铜和锡的合金铸成的。合金的性质和原来的金属不同，有的会更加坚固，经得住更高的温度。多级火箭的外壳都是用耐高温的合金做成的。

　　人们还想到用"灰"来做多级火箭和宇宙飞船的外壳。灰是燃烧以后生成的东西。前面说过，燃烧就是剧烈的氧化。灰既然是已经氧化了的东西，就不怕它再氧化了，并且一种金属的氧化物，往往比这种金属经得住高温。例如铅在327.5℃就会熔化，而铅烧成的"灰"——氧化铅的熔点高得多。

　　有没有可以用来做多级火箭和宇宙飞船的外壳的"灰"呢？

　　有。这就是陶瓷。

　　陶瓷怎么是"灰"呢？

　　我们这里所说的灰，实际上指的是金属的氧化物。而陶瓷就是某种金属的氧化物。当然，陶瓷有个很大的缺点——很容易碰碎。人们就想，也许可以使用制造搪瓷器皿的办法，用耐高温合金做多级火箭和宇宙飞船的外壳，外面再敷上一层陶瓷，这样的外壳就不怕氧化，也经得住更高的温度了。

　　为了使宇宙飞船在降落的时候能冲过火烧关，还可以在它的外壳上涂一层特制的塑料。这些塑料在温度高的时候就会蒸发。塑料在蒸发过程中，会带走许多的热量，使宇宙飞船外壳的温度不至于升得太高。

　　人们还从多级火箭和宇宙飞船的外形上想办法。我们知道，船的头是尖的，这样可以减少水的阻力。飞机的头也是尖的，这样可以减少空气的阻力。多级火箭和宇宙飞船的头做得太尖却没有好处，因为又尖又细的头特别容易熔化和烧坏。所以火箭的头应该做得钝一些，宇宙飞船的头更应该做成圆形的，这样容易发散热量。

　　多级火箭飞行的时候，不仅外壳的温度会升得很高，发动装置内部的温度也很高。火箭喷出的气体非常热，温度达到 $2000\sim3000℃$，燃烧室和喷气口必须经得住这样的高温。所以人们除了用耐高温的合金来制造燃烧室和喷气口，还给它们装了一个"发汗壁"。

　　你一定有这样的经验，热天出了汗，身子就觉得凉快一些。因为皮肤上的汗珠蒸发的时候，会带走许多热量。发汗壁就是根据这个道理设计的。发汗壁上布满极细的小孔，小孔里会不断地渗出冷却液来。冷却液蒸发的时候，就会使燃烧室和喷气口内壁的温度降低。

　　你看，为了战胜高温，人们又花费了不少心血。

战胜严寒

在 20 世纪初,有个英国人名叫斯科特,率领一支船队到南极去考察。他们快到达南极大陆,正准备登陆时,船上的油箱忽然全崩裂了,汽油漏得精光。他们发现,原来油箱焊口上的锡都变成了灰色粉末。考察工作因此无法进行,船队只好掉转船头,开回英国。

锡怎么会变成粉末呢?后来人们才发现,是寒冷天气在作怪。原来许多东西在温度很低的时候,性质就会发生变化。

南极虽然冷,还不过 -93.2℃,多级火箭需要经受的低温可比南极低得多。我们在前面已经说过,多级火箭常常用液态氢和液态氧做燃料。氧要到 -183℃才能变为液态,氢要到 -253℃才能变为液态。因此多级火箭的燃料箱必须经得住严寒的考验。

宇宙飞船也是这样,它在星际空间飞行的时候,朝着太阳的半面虽然被晒得很热,但另外半面晒不到太阳,温度会降到 -200℃以下。

在 -200℃以下的时候,一些东西会发生什么样的变化呢?

那时候,橡皮口袋会硬得像一面铜锣,敲起来当当响。鸡蛋摔在地上,会像皮球一样弹跳起来。铁器变得又酥又脆。

你瞧,严寒也是多级火箭和宇宙飞船的大敌呢!要不是知道严寒的厉害,糊里糊涂地用铁来做多级火箭的燃料箱,燃料箱一下就冻酥了,这个多级火箭还怎么上得了天呢?

人们动了许多脑筋,制成了一个比较不怕冷的特种合金,以及一些特别不怕冷的塑料,来战胜严寒。

人们还运用真空来隔绝寒冷。例如把燃料箱做成夹层的,像热水瓶的胆一样。这样一来,燃料箱内的燃料虽然比冰还冷得多,燃料箱外的各种装备的温度却不至于降得太低,不会受到严寒的伤害。

在宇宙飞船里面,人们还装了一种强迫空气循环的装置。这种装置能使飞船里半面被太阳晒热的空气,不断地流到太阳晒不到的另外半面去,使飞船不至于半面太冷,半面太热。

严寒没有挡住人们飞出地球去的道路。但是为了战胜严寒,人们也想尽了办法。

亿步穿杨

我国古代有个著名的射手,名叫养由基。他是 2500 多年前楚国的一位战将。据说,他能在百步以外,射穿一片柳树的叶子。因此人们一直用"百步穿杨"来形容射击的准确。

可是,要把宇宙飞船送到环绕地球飞行的轨道上,特别是送到月球或金星、火星等行星上,"百步穿杨"的准确程度就远远不够了。

我们知道,养由基射柳树叶子的时候,柳树叶子是不动的,养由基本人也是不动的,动的只有射出去的那支箭。把宇宙飞船送到月球上,情形就大大不同了。我们知道,地球在动,它绕着太阳转圈子,每秒钟走 30 千米;月球也在动,它绕着地球转圈子,每秒钟走 1 千米;宇宙飞船当然得动,它离开地球的时候,速度是 7.9～11.2 千米／秒。

这就好像一个人站在一列飞驰的火车上，开枪射击一只奔跑的野兔。这当然要比百步穿杨困难多了。

科学家们算了一下，发射宇宙飞船的时间如果比规定的晚了一分钟，宇宙飞船离开地球的速度如果比规定的差了一点儿，或者飞行方向比规定的偏了 0.1 度，这艘宇宙飞船就根本到不了月球。

月球还是离地球最近的星球，如果要把宇宙飞船发射到金星、火星或其他行星上去，准确程度岂不是不仅需要超过百步穿杨，而且需要远远超过"亿步穿杨"了吗？

星际空间实在太辽阔了，相比之下，星球就显得非常之小。如果我们把一只瓢虫比作地球，那么整个太阳系所占的空间，就有一座大礼堂那么大。在这座大礼堂里，有几只大大小小的瓢虫，或近或远地绕着礼堂中央的挂灯在转圈子。这些瓢虫就是金星、火星等行星。至于从地球发射出去的宇宙飞船，甚至不及一粒灰尘大。在这种情况下，难怪对发射宇宙飞船的准确度要求极高了。

宇宙飞船飞回地球，也需要很高的控制技术。在着陆以前，宇宙飞船先要绕着地球转圈子，再打开制动喷气机，使速度逐渐降低，才会斜着朝地面飞来。宇宙飞船进入大气层，速度已经降低到一定程度，再张开几个大降落伞，进一步使速度降低，然后慢慢着陆。在降落过程中，制动喷气机什么时候打开，喷气的力量该多大，采取什么角度进入大气层，都是十分重要的问题。如果制动喷气机早打开了或者迟打开了一秒钟，宇宙飞船着陆的地点就会跟预定的相差 8 千米；如果飞行速度相差了 1 米 / 秒，宇宙飞船着陆的地点就可能跟预定的相差几十千米。如果降落的角度差了一点，宇宙飞船的着陆地点就会偏得很远。美国在 1962 年 5 月 24 日发射的"曙光 7 号"宇宙飞船，就因为降落的角度跟预定的差了一点儿，着陆的地点竟跟预定的相差了 400 千米。

为了使多级火箭能把宇宙飞船送到环绕地球飞行的轨道上，或者送到别的星球的轨道上，为了使宇宙飞船能安全地返回到地面上来，或者在别的星球上着陆，在发射之前，都得先给它们规定好飞行的路线。

多级火箭和宇宙飞船的飞行路线是科学家计算出来的。多级火箭必须按照规定的时间发射，按照规定的速度沿着计算好的路线飞行，才能完成预定的任务。宇宙飞船也必须这样，才能到达指定的目的地。

如果在飞行中偏离了预先计算好的路线，多级火箭和宇宙飞船就得校正飞行的方向，改变飞行的速度。

怎么才能知道多级火箭和宇宙飞船有没有偏离预先计算好的飞行路线呢？那就得知道它们正在向哪个方向飞行，已经飞到了哪里。

星际空间是茫无边际的。多级火箭和宇宙飞船在飞行中，是怎么辨别方向和位置的呢？下面我们就来谈谈这个问题。

控制飞行

以前轮船在海洋中航行，是依靠罗盘仪和天上的星星来辨别方向和位置的。

罗盘仪上有一枚磁针。磁针由于地球的作用，总是一端指南，一端指北。跟磁针一对照，就知道自己在向哪个方向航行了。

多级火箭和宇宙飞船可不可以用罗盘仪来辨别方向呢？

俄罗斯宇航控制中心控制大厅

不能。因为离开了地球，地磁对磁针的作用消失了，罗盘就不能再指示方向。

我们能不能制造另外一种仪器，使它像罗盘一样，永远指着一个方向呢？

能够。陀螺仪就是这样的仪器。

你玩过陀螺吧？把绳子绕在陀螺上，使劲一拉，陀螺就飞快地旋转起来。它中心的轴老是垂直地指着天。原来凡是飞快地旋转的东西，它中心的轴老是指着一个方向。陀螺仪就是根据这个原理制造的。

多级火箭和宇宙飞船在飞行的时候，除了依靠陀螺仪来辨别方向，还跟在海洋上航行的轮船一样，利用星星来辨别自己在宇宙空间中的位置。

对于星际飞行来说，星星也是最好的路标。恒星离地球非常遥远，它们在天空的位置可以说基本上是不变的。多级火箭和宇宙飞船飞行的时候，只要认定一两个恒星为基准，随时观察地球、太阳、月球或行星跟这一两个恒星所成的角度，就可以知道自己在什么位置，是否按照预先计算好的路线在飞行。

多级火箭和宇宙飞船还可以利用无线电波带路。它们上面的无线电接收机，可以不断地接收从地球上的电台发出的电波或者某些

少儿科普名人名著书系

星球上自然发射的电波。根据这些电波传来的不同方向和传递时间的长短，就可以确定飞行的路线是否正确。

多级火箭和宇宙飞船如果偏离了预先计算好的路线，它们上面的自动控制系统就会进行纠正。自动控制系统包括测量装置、计算装置和执行机构三个部分。测量装置随时测出飞行的方向、速度和在空间的位置。计算装置随时算出飞行的情况和预定的有什么不同，应当如何纠正。执行机构根据计算结果，随时开动有关的机器，调节速度，纠正方向，使多级火箭或宇宙飞船回到预先计算好的路线上来。

除了自动控制系统，载人的宇宙飞船还可以由宇航员来操纵飞行。还有一种是留在地球上的操纵多级火箭和宇宙飞船飞行的装置。这种装置叫"遥远控制装置"，或称"遥控装置"。遥远控制装置根据多级火箭和宇宙飞船发回来的无线电信号，就能测量出它们的飞行情况。如果发现它们偏离了预先计算好的路线，遥远控制装置立刻向它们发出无线电信号，开动它们上面的执行机构，纠正它们的飞行。

遥远的信息

宇宙飞船飞出地球以后，地球上的人还需要经常跟它联系。地球上的人需要随时了解它的飞行情况，控制它的飞行。它在星际空间搜集到的各种科学资料，也需要随时向地球上的人报告。如果它离开了地球，就不能和地球上的人联系，那么发射宇宙飞船就没有多大的意义了。

人们靠什么跟宇宙飞船联系呢？

靠无线电波。无线电波是一位忠实的看不见的传信人。

但是，人们用无线电波跟宇宙飞船联系，并不是件容易的事。因为，第一，它和地面之间的距离太远了；第二，宇宙飞船的位置随时在变化，它的速度很快。

我们打开收音机，可以收听到世界各地的广播，电台的广播就是用无线电波传递的。

我们收听到的广播，各个电台的声音是不一样的，有的清楚一些，有的不大清楚。原因很简单，因为有的电台电力强，有的电台电力弱。如果两个电台离我们一样远，电力强的电台的广播，我们就听得清楚多了。如果两个电台的电力一样强，离我们比较近的电台的广播，我们就听得清楚多了。

在地球上，离我们最远的广播电台有多远呢？我们知道，绕地球赤道一周大约是40000千米。这就是说，地球上任何一个地方和另一个地方的距离，最远不过20000千米左右。因此，我们的收音机所收到的电波，最远不过是20000千米以外的地方发出来的。

实际上，20000千米以外的电台的广播，一般的收音机已经很不容易收到了。而星球之间的距离比这还要远得多。月球离我们就有大约38万千米，金星和火星离地球最近的时候也有几千万千米，从那里传来的电波，真是微弱得难以想象。打个比方说：一个40瓦的无线电发射机，从几千万千米以外发回地球的信号，电波微弱的程度，就像把一杯开水倒在太平洋里，海水温度因而增高的程度一样。你可以想象，这样细微的温度差别，不但手摸不出来，就是最灵敏的仪器也很难测量出来。如果人们没有接收这样微弱的电波的本领，宇宙飞船就没法跟地球上的人互相传递信息。

前面说过，如果无线电发射机的电力强一些，发出的电波也就强一些。那么是不是可以在宇宙飞船上装一个电力极其强大的无线电发射机呢？

不可能。电力强大的无线电发射机非常重。一般的广播电台，电力不过只有几百瓦到几百千瓦，无线电发射机就要占整整一个房间，甚至整整一座大楼，还要有几十米高的天线。小小的宇宙飞船是无论如何容不下如此巨大的设备的。

所以宇宙飞船上的无线电发射机，电力总是很弱的，往往只有一般广播电台的几万分之一。苏联"东方 3 号"和"东方 4 号"宇宙飞船上的无线电发射机，电力小到还不足以使手电筒的灯泡发亮哩。

那么，问题是怎样解决的呢？

首先，人们想办法使宇宙飞船上又小又轻的无线电发射机，尽可能发出强一些的电波。你们见过半导体收音机吧？半导体收音机比普通的真空管收音机小得多，轻得多，用的电力也少得多，可是发出的声音并不小。真空管要发热以后才能工作，使真空管发热就要消耗大量的电。半导体不需要发热就能工作，因此可以少用许多电。火箭上的无线电发射机都是用半导体装起来的，因此尽管电力很小，但是发出来的电波还不算太弱。

其次，人们尽量提高地面上的无线电接收机的接收能力。你大概知道，收音机里的真空管多些，就可以收到更远的地方的广播。给收音机装上天线，收音的效果也会好得多。如果无线电接收机的性能很好,天线又架得很好,尽管宇宙飞船发回来的无线电信号传到地球上已经极其微弱,还是有接收到的可能。苏联为了跟飞往金星和火星的自动行星际站(实际上是不载人的小型宇宙飞船)通信,建立了一个通信中心,通信中心的天线有12层楼那么高,包括8个直径达16米的笊篱形状的天线,整个天线的重量达到1000吨以上。通信中心的接收机也非常复杂,占了好几个大房间。

以上都是半个多世纪前的事了。经过科学家不断的努力,无线电发射和接收设备做得越来越小,其质量也越来越高。当前宇航用的无线电发射、接收设备,也比以前先进得多了。

至于环绕地球飞行的宇宙飞船,它离地面虽然不算太远,可是位置时刻在变化,人们怎样才能跟它很好地保持联系呢?

科学家们想了一个很好的办法,在地面上每隔一定距离就建造一个通信站,各个通信站之间经常保持联系,组成一个通信网。宇宙飞船飞近某一个通信站,这个站和它联系上了,那么其他任何一个站都可以通过这个站和它建立联系。用这个办法,不论宇宙飞船飞到任何地点的上空,指挥部都可以很方便地和它直接通信。

看不见的服务员

前面讲了飞出地球去之前必须解决的一些极重要的问题,但不是全部的问题。你要知道,一支多级火箭、一艘宇宙飞船,都有成万的零件,这些零件是许许多多科学家和工人的劳动结晶。还有一些科学家的劳动,虽然不体现在任何一个零件上,也是绝对不能缺少的。

前面说过,多级火箭和宇宙飞船必须尽可能做得轻巧一些,这样才可能减少一些发射时的困难。所以它们的每一个零件,都得认真考虑是不是必要的,能不能用更轻、更耐用的材料来制造,甚至可不可以省掉。设计轻巧的零件,寻找合用的材料,都得花费无数人的劳动。

多级火箭和宇宙飞船的飞行路线是预先计算好的。多级火箭什么时候发射,它的每一级在什么时候开始点火,什么时候把宇宙飞船送出地球去,也必须预先计算好。在计算的时候,不但要考虑火箭本身的力量,还要考虑地球的引力,考虑月球、太阳和其他行星的引力,一点也不能错。而计算要准确,必须依靠准确的测量结果。在测量和计算上,又得花费无数人的劳动。

多级火箭和宇宙飞船在飞行的时候,是依靠天上的星星来辨别自己的位置的。天空里布满了星星,怎样来辨认它们呢?选择哪几个星星作为路标最合适呢?为了回答这些问题,也得花费无数人的劳动。

为了飞出地球去,必须解决的问题真是多得说也说不完。这一切需要物理学家、化学家、数学家、天文学家和其他许多方面的科学技术人员一起来解决。他们不在多级火箭和宇宙飞船上,甚至在发射场上也找不到他们的踪迹。但是离开了他们,多级火箭和宇宙飞船就上不了天。他们是为宇宙航行服务的看不见的服务员。

四、人造装置飞向太空

世界首颗人造卫星登天

1957 年 10 月 4 日，苏联发射了世界上第一颗人造地球卫星。

首颗人造卫星现在看起来实在微不足道。它是一个直径 58 厘米的铝合金小球，比篮球大不了多少，重量只有 83.6 千克。它所携带的科学研究设备也不多，但是，它毕竟是人类制成的第一个人造卫星。人类第一次做到把地面上的一个物体送到太空中，并让它围着我们居住的地球转圈圈，而不掉到地上来。因此，人们认为，这颗人造卫星开启了航天事业时期。

它进入围着地球转圈圈的轨道时的速度，稍稍超过上文所说的"第一宇宙速度"，因而它的轨道不是离地面较近的正圆，而是一个椭圆。这个椭圆轨道离地面最近的点(近地点)距地面215千米,离地面最远的点(远地点)距地面947千米。轨道同地球赤道既不是平行的,也不是垂直的,而是有一定的交角(倾角),这个角度是96.2度。卫星围绕地球转一圈需要96分钟。

在这个高度的轨道上仍然存在十分稀薄的空气。尽管那里几乎接近真空,但其中十分稀少的空气分子仍会对人造卫星产生一定的阻力。这个阻力应当说是十分小的,对卫星运行速度的影响也是十分小的。但是架不住天长日久的影响的积累,卫星运行速度逐渐达到7.9千米/秒(第一宇宙速度)以下。这时,它就会坠入大气层中,因同大气激烈摩擦而像流星一样燃烧起来,最后烧得连灰烬也见不到。就这样,首颗人造卫星存在了93个昼夜,围绕地球运行了近1400圈。

那个时候,苏联的通讯社——塔斯社每天都要播发这个卫星飞经世界各大城市上空的时刻表。苏联报纸上刊登的科普文章说,由于阳光照射和卫星表面的反射,卫星傍晚飞过某地上空,是十分明亮的,当地人们肉眼可以清楚看见。我国许多报纸每天刊登新华社播发的人造卫星飞经我国各大城市上空的时刻预报。那些天傍晚,只要卫星飞过我国某大城市上空,该市不少人,既有成年人,也有孩子,都拥向街头、楼顶和空地去观看。

《人民日报》1957年10月9日在头版专门刊登了这样一条消息:《北京看到了人造卫星,卫星今晨将再过北京》,反映出人们目睹世界首颗人造卫星时的欢乐心情。

这颗卫星携带的科学探测设备不多,安装了无线电发射机和4根无线电发射机的杆状天线,不断向地面的接收机发出"哔、哔"的声音,人们有时也会打开收音机,好奇地收听来自天外的声音。

卫星成为大家议论的话题。

人们感兴趣的是,人造卫星是怎样飞出地球去的?发射人造卫星有什么意义?它有什么用途?让这种星星飞出地球去,必须克服哪些困难?人们能够利用人造卫星到其他星球上去旅行吗?别的行星乃至太阳系以外是否存在有智慧的生物?等等。

报刊上,包括少年儿童报刊,刊登了不少这方面的科普文章。人们,包括小读者们,都兴致勃勃地抢读这些文章。

尽管这颗卫星上天已过去了半个多世纪,但当人们谈到航天事业,总会提到这一划时代的事件。

把“天空”一分为二

我们从小就知道“天空”这个词儿。它是指地面一定高度以上直到日月星辰的广袤空间。

“哈,我学会放风筝了。我的风筝飞上了天空!”你在学放风筝时也许说过这样的话。你这里所说的“天空”指的是几十米、100多米的高空。

你第一次乘飞机旅游归来,高兴地对爷爷说:“乘飞机,在高高的天空中俯瞰地面,田野、房舍都那么小,白云似乎紧紧贴在地面上,真好玩儿!”你这里所说的“天空”指的至多是8000米的高空,还在地球的大气层以内。

中秋节赏月,你抬头仰望,情不自禁地说:"月儿高高地挂在天空上,映衬在稀疏的群星中,多么美啊!"你这里所说的"天空",已远远离开我们的大气层。近的"天空"是月球所在的位置,离地面38万千米;至于那些星星,更是远在不知多少万亿千米以外的"天空"。

"天空"包括的范围可真大啊!

人造卫星上天以后,我国科学家觉得这样使用"天空"一词太不方便,决定把"天空"一分为二。大气层内叫"空",大气层外叫"天"。这个"天"就是我们常说的太空、外层空间、宇宙、宇宙空间。在大气层内飞行叫"航空",在大气层外飞行叫"航天"。相应的飞行器则分别叫作"航空器"和"航天器"。飞机、气球属于"航空器"。"航天器"就成为人造卫星、宇宙飞船、月球探测器、行星探测器的总称。早先,人们把宇宙飞船乘员称为"宇宙航行员""宇航员",后来又称为"航天员"。

现在,"航天员""宇航员"两个词,"航天事业""宇航事业"两个词,人们都在使用。这两组词都可以用,意思是一样的。

看哪,我们的星星飞过来了

1970年4月25日傍晚,太阳已经落山,天空渐渐转暗。不知何时,暗蓝的天上布满了星星。在北京,长安街上,天安门广场上,满是欢快的人群,有青年男女,有年轻的父母领着孩子,还有白发苍苍的老爷爷、老奶奶。人们都仰望着西边的天空。

"看哪，我们的星星飞过来了！"一个孩子喊了起来，手指着西边天上一个缓缓移动的星星。这时，电报大楼楼顶的大钟正是8时30分。

大家都顺着孩子指的方向望去。那是一颗与众不同的星星，既不同于从天空一划而过的流星，也不像三个亮点一起移动的夜航飞机。人们立即意识到这就是我国的第一颗人造地球卫星。

这一天清晨6时，新华社受权向全世界宣布：4月24日，中国成功地发射了第一颗人造地球卫星"东方红一号"。卫星进入了近距离围绕地球运行的轨道。说近，其实也不太近。卫星运行轨道，距地球最近点439千米，最远点2384千米。轨道倾角为68.5度。卫星重173千克，是球形多面体，直径1米，四周装有4根杆状天线。卫星上装备了轨道测量控制、温控、能源、《东方红》乐曲播放装置等系统。卫星用20.009兆赫的频率播送《东方红》乐曲。

喜讯顿时传遍祖国大地，人们纷纷争看报社出版的关于"东方红一号"卫星发射成功的号外。

许多人打开了家里的收音机，聆听收音机里传出的来自太空、宛如仙

"东方红一号"卫星

乐一般的《东方红》乐曲。这乐曲使人们心潮澎湃，激动无比。孩子们兴高采烈地笑呀，叫呀，蹦呀，跳呀，都不知道怎样来表达自己的欢乐心情。我们的第一颗人造地球卫星上天了！

1957年10月苏联发射世界上第一颗人造地球卫星以后不久，1958年5月17日，毛泽东主席在中国共产党第八次全国代表大会第二次会议上说："中国也要搞人造卫星。而且，我们要搞就要搞大的，鸡蛋

那么大的我们不搞。"

毛主席要求搞的是真正的人造地球卫星。一批以年轻人为主的科技工作者和工人们积极响应号召,因陋就简,群策群力,土法上马。1960年,我国正经历三年困难时期,这批饿着肚子的青年人硬是把第一枚T7-M火箭竖立在20米高的发射架上。

毛主席参观一个展览会,看到陈列的这枚火箭模型时,问讲解员:"这家伙能飞多高?"

"8千米。"

毛主席说:"了不起啊,8千米也了不起。我们就要这样,8千米、20千米、200千米地搞下去,搞他个天翻地覆。"

1964年10月,中国第一颗原子弹爆炸成功。同年7月9日和7月11日,两枚自制导弹连续成功发射。原子弹和导弹的成功,更鼓舞了中国人民发射人造地球卫星的信心。

1965年,国民经济开始全面好转。中国人既然在饿着肚子的情况下都能搞出原子弹、导弹,现在能吃饱饭了,怎么不会投入更大的力量搞出自己的卫星?这年8月,周恩来总理主持的一次会议确定把人造卫星研制列为国家重大任务。第一颗人造卫星的研制工作,大部分是在"文化大革命"最动乱的年月里进行的。

1970年4月24日,我国第一颗卫星终于上天了。卫星用20.009兆赫频率播送的《东方红》乐曲,一般民用收音机是收不到的。为了让广大群众能听到卫星播放的乐曲,中央人民广播电台及时做了转播。

4月25日的《人民日报》整版刊登了卫星经过祖国各地上空的时

刻表,载明几点几分过某个城市,几点几分过另一个城市,等等。当天晚上,卫星经过的一些城市,许多人走向街头,登上屋顶,拥进广场,寻找那颗在群星中缓慢移动的小亮星,并为这颗属于中国的小亮星雀跃欢呼。

"东方红一号"的成功发射,使中国成为世界上第五个能自行研制、发射人造卫星的国家,并且实现了毛主席"要搞就要搞大的"的要求。苏联1957年发射的第一颗卫星重83.6千克,美国发射的第一颗卫星最轻,只有8.22千克,法国1965年发射的第一颗卫星重41.7千克,日本1970年稍稍早于中国发射的第一颗卫星重9.4千克。从这里我们可以看出,我国的"东方红一号"比苏、美、法、日第一颗卫星的重量加在一起还要重。

到现在为止,世界上使用本国运载火箭发射本国制造的卫星的国家,除了上面提到的五国以外,按照卫星发射的时间先后,还有英国、印度和以色列等国。

太空出现上万个航天器

2006年暑假,在一座著名的风景旅游胜地高山上,参加夏令营的孩子们晚饭后在老师带领下,围坐在草地上纳凉。山风轻轻地拂过孩子们的面庞,像妈妈的手在抚摸,孩子们感到分外惬意。太阳渐渐西沉,天逐渐暗下去。天上的星星越来越多,比在大城市里看到的多得多。这里的空气纤尘不染,清新异常,大气的透明度比大城市高多了。

在大城市里,由于空气的污染,天上星星稀疏,看不见银河。孩子们在这里第一次看到了天上的银河。老师指着银河讲述牛郎织女的故事。

忽然,一个孩子发现天上有一颗星星正缓慢地划过天空。

"老师,那是不是人造卫星?"他听过人造卫星的故事,也知道人造卫星在天空是缓慢地移动的。

老师暂时中断了牛郎织女的话题,转向了人造卫星。

那颗星星消失在远方的夜空里。

不一会儿,另一个孩子发现天上出现了又一颗缓慢移动的星星。它移动的轨迹离第一颗星星的轨迹不远,两条轨迹大体是平行的。

老师告诉大家,这也是人造卫星。

这个晚上,孩子们在天上发现了四五颗人造卫星在移动。

天上究竟有多少颗人造卫星?孩子们问。

首颗人造地球卫星进入太空已经半个多世纪了。半个多世纪来,航天事业突飞猛进。不少国家在研制航天器方面都取得了显著成就,并竞相发射航天器。截至1999年底,全世界发射的航天器总数为5263个。到目前为止,这个总数已经上万。在这些航天器中,有的迄今仍在环绕地球飞行,有的完成任务后进入地球大气层烧毁,有的飞向了月球。

美国一个名为"忧思科学家联盟"的组织,公布了最新的全世界卫星数据。据它宣布,截至2020年7月,正在环绕地球飞行的各类卫星共有2787颗。其中,美国拥有的卫星数量居世界第一;中国的卫星数量位居世界第二,仅次于美国。

五、人飞向星星会遇到哪些困难

陌生的旅行

我们现在已经知道，多级火箭能把宇宙飞船送出地球。

那么，你敢不敢乘坐宇宙飞船，到星际空间去做一次旅行呢？

"敢！"我想你一定这样回答。

文有仁(右)采访俄罗斯宇航控制中心专家

但是，且慢，光凭勇气是不行的。人自从在地球上出现以来，一直生活在地球妈妈的怀抱中。在飞出地球的道路上，人会遇到什么困难呢？到了陌生的星际空间里，人会遇到些什么困难呢？要是不预先想一想这些困难，不预先找出克服这些困难的办法，光凭一股勇气横冲直撞，这不是太危险了吗？要知道，这可不是一次平常的旅行呢！

好吧，现在我们就来谈谈这些困难，谈谈这些困难可能用什么办法来克服。

重得不好受

多级火箭起飞的时候，在宇宙飞船里的人会一下子重好几倍，好像地球在紧紧拉住他，不让他离开一样。人的胳膊一下子会变成几十斤重，眼皮老是往下垂，身体里的血液也重得像铁一样。宇宙飞船在降落的时候，也会出现这样的情形。

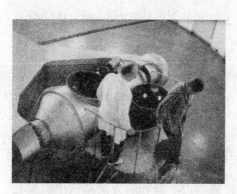

波兰航空医学所受试者走出超重舱

这是什么道理呢？

你坐汽车的时候，一定有过这样的体验：汽车猛一开动，你会往后一仰；汽车忽然刹车，你会往前一冲。

为什么会产生这种现象呢？原来任何东西都有惯性，它们如果不受到外界的力量的影响，原来不动的就永远不动，原来在运动的就永远以相等的速度，笔直地向前运动。

汽车停着的时候，你坐在汽车上，也停着不动。汽车猛一开动，没有来得及把它的运动传给你，你的身体由于惯性的作用，还保持着静止状态，自然就往后一仰了。汽车行驶的时候，你坐在汽车上，也跟着向前运动。如果汽车猛地停下来，而你的身体由于惯性的作用，仍然在前进，当然就向前冲了。

多级火箭起飞的时候和宇宙飞船降落的时候，速度的变化比汽车在开动和刹车的时候大得多。因此，人坐在宇宙飞船里，那种往后仰或者向前冲的力量，也就比汽车上大得多了。就是这种力量使人的身体一下子重了几倍，甚至几十倍。这种现象叫作"超重"。

在超重的情况下，人的血液也重了好几倍。如果你挺直了身体坐在宇宙飞船里，血液都流到你的腿部去了。这时候，你的心脏再用劲，也不能把血液压到头部去。大脑里没有了血液，你就会昏迷过去。

为了克服超重所造成的困难，科学家想了许多办法。

一个办法是在多级火箭起飞和宇宙飞船降落的时候，让宇航员脸朝着天躺着，把脚搁得高一点。人躺着的时候，在超重的情况下，血就不会集中到身体下部，大脑就不至于没有血液。这样虽然也不好受，可是比昏迷要好得多了。

此外，科学家还给宇航员设计了"抗超重服"。这种衣服把人的身体捆得紧紧的，使血液不至于集中到身体的某一部分去。

宇航员也可以锻炼忍受超重的能力。锻炼的方法是让他们坐在一种旋转得非常快的离心机里。这种离心机像儿童运动场上的转椅。转椅转得很快的时候，就有一股力量把人往外推。这股力量就是离心力。离心机转得比转椅快得多，它产生的离心力也比转椅大得多，大到相当于地球引力的好几倍。这种离心力给人造成的感觉和超重是一样的。经过这样的锻炼，宇航员就能大大提高忍受超重的能力。

如果能让多级火箭的速度慢慢地加快，超重的情况就可以减轻一些，在宇宙飞船里的人也就好受一些。但是对于多级火箭来说，速度加快得越快越好，这样才可以更快地摆脱空气阻力和地球的引力，节省一些燃料。

当然，这个矛盾并不是不能解决的。如果将来能找到更好的燃料，可以使多级火箭的速度慢慢地加快。到了那个时候，超重的情况就可以减轻很多，即使没有经过训练的人，也能够乘坐宇宙飞船到星际空间去旅行了。

轻得没重量

宇宙飞船被多级火箭送上了环绕地球飞行的轨道，或者送上飞往其他星球去的航线，它的速度不再继续加快的时候，宇宙飞船里又会出现另一种奇特的现象，就是一切东西都失去重量。这种现象叫作"失重"。

这又是什么道理呢？

假如你在电梯里，吊住电梯的钢缆突然断了，电梯会从几十层楼上直落下来。这时候你轻轻一跳，就会悬在空中，不会落到电梯的地板上来。如果电梯里有一个磅秤，你站在磅秤上，你会发现磅秤的指针指着"0"，说明你没有重量了。为什么你一跳起来就不会落到地板上来呢？因为你和电梯同样受到地球的引力，以同样的速度往下掉，所以你始终追不上电梯的地板，成了悬空状态。跟这个道理一样，你站在磅秤上，磅秤和你也以同样的速度在往下掉，它感觉不出你压在它身上，因此指针仍然指着"0"。

前面说过，一件东西绕着地球转的时候，实际上是在不停地往下掉，在理想状态下，它掉下去的高度和地面向里弯的高度相等，因此它始终掉不到地面上来。宇宙飞船绕着地球飞行的时候正是这样的情形，在它内部的东西都跟它一样，以相同的速度在往下掉，因此一切东西都失去了重量。

宇宙飞船进入飞向月球或者行星去的航线以后，地球的引力跟宇宙飞船本身的速度相抵消了，太阳系内各个星球的引力又达到了某种平衡，因此飞船里面的一切东西也就失去了重量。

在失重的情况下，宇宙飞船里的一切东西都可以无依无靠地悬在空中，人也可以自由自在地在空中游荡，像水中的鱼儿一样。

你也许会说："哈，真好玩！"

好玩吗？乍一看是怪好玩的，可是仔细琢磨琢磨，麻烦真不少。

比如说喝水。我们在地面上，只要拿起杯子往嘴里一倒，水由于本身有重量，就流进我们的喉咙里了。可是在失重的情况下，你把杯子倒了过来，里面的水也不会流出来。

在地面上，你一举胳膊，一迈腿，都需要一定的力量。在失重的情况下，你轻轻一举胳膊，胳膊就会打到你的头上；轻轻地一迈腿，整个身子就会飞到半空中。

失重会不会使人的生理机能受到影响呢？科学家为了回答这个

问题,进行了许多实验。他们让在高空飞行中的飞机猛然下降,造成时间短暂的失重,观察飞行员会有什么样的感觉。他们还让宇航员在跟人体比重一样的液体中游泳,因为在这样的液体中,人会感觉不到自己身体的重量。科学家又把狗、老鼠等动物放在小型的宇宙飞船里,发射到地球以外去,试验失重对动物的影响。接着,宇航员亲自乘坐宇宙飞船做了环绕地球的飞行。这些实验证实了失重对于人的生理机能影响并不大。人很快就能学会怎样在失重情况下工作。人的心脏和其他器官,也能很快适应这种特殊的环境。

科学家还为宇航员设计了许多在失重的情况下使用的工具。例如喝水,宇航员就有一种盛水的橡皮软袋。只要嘴含住软袋的口,用手挤压软袋,水就被挤到喉咙里去了。

将来如果要做长时间的宇宙航行,还可以在巨大的宇宙飞船中制造"人工重力"。制造人工重力的方法就是让宇宙飞船自转。

你看见过这样的杂技节目吗?一个演员拿着一根棍子,棍子头上用绳子挂着一只盘子,盘子里放着一只装满了水的茶杯。演员先让盘子慢慢地转动。只见盘子转动的速度越快,最后竟绕着棍子飞快地打起圈子来。这时候,杯子里面的水却一滴也不会洒出来。

为什么杯子里的水不会洒出去呢?原来杯子绕着木棍打圈子的时候,就产生了离心力。离心力把杯子里的水使劲往杯底拉,于是水就不会从杯口洒出来了。

如果让巨大的宇宙飞船自转,宇宙飞船上也会产生这种离心力。离心力把飞船里的一切东西拼命地往外拉,就像地球引力把地上的一切东西拼命向下拉一样。这样一来,宇航员就可以站在宇宙飞船的内壁上。虽然他们都是头朝里，脚朝外，却像站在地面上一样稳当。

还有一个办法，就是用铁来做宇宙飞船里的地板，再给宇航员穿上一双磁性鞋。磁性鞋吸附在铁做的地板上，这样，宇航员走起路来，就像在地面上一样平稳，不至于脚轻轻一蹬，人就飞起来了。

氧气、水、食物

人都要呼吸，都要喝水，都要吃东西。一个人几天不吃东西，就会浑身没有力气；几天不喝水，就会渴得受不住；几分钟不呼吸，就会憋死。

星际空间既没有食物，也没有水和氧气，人在飞出地球去之前，必须考虑到这个问题。

最简单的办法就是像出门带干粮一样，宇航员在起飞的时候，把他在旅途中所需要的食物、水和氧气都带足。

如果宇宙飞行的时间很短，比如几个小时、几天，这样做当然是可以的。如果要在星际空间飞上几个月、几年，这个办法就不大行得通了。

科学家计算了一下，一个人一昼夜需要食物、水和氧气一共大约6.5千克。到最近的行星——金星去做一次旅行，来回需要几个月的时间，每个人就得带上几千千克的食物、水和氧气。在目前的技术条件下，宇宙飞船的重量每增加1千克，发射它的多级火箭需要增加几百千克至几千千克。这种做法实在太不合算了，我们必须另想办法。

我们知道，人和一切动物时时刻刻都在吸进氧气，呼出二氧化碳。而植物是依靠二氧化碳长大的。它们不但吸收空气中的二氧化碳，而且吐出氧气。因此地球上的氧气和二氧化碳在动物和植物之间，形成了不断的循环。

动物和植物不仅进行着气体的交换，还进行着其他物质的交换。

人吃的食物，有的来自植物，像米、面、蔬菜，有的来自别的动物，如鱼肉和猪肉。但别的动物也是吃植物长大的，所以归根结底，一切食物都来自植物。而人和动物排泄出来的废物，恰好又是植物生长所需要的肥料。这样，肥料和食物又在植物和动物之间形成了不断的循环。

这些事实给了科学家一个启示：在宇宙飞船里种植植物，让植物来供给宇航员氧气和食物，同时解决了如何处理宇航员所排出的二氧化碳和其他排泄物的问题。

那么，在宇宙飞船上种植什么样的植物最合适呢？一般的植物是不行的。它们生长得太慢，因而提供的氧气和食物也不多，要种一大片才能满足一个人的需要。宇宙飞船里可没有这么大的地方。

为了寻找生长快、产量大的植物，科学家费了许多脑筋。许多人认为小球藻在这方面很有前途，它在适宜的条件下，一昼夜就可以增长 7 倍。只要 2 千克小球藻，就可以"生产"出一个人所需要的氧气来。

除了小球藻，科学家还认为，一些高等植物经过选种培养，也可能得到生长很快的品种，适合在宇宙飞船里种植。

至于宇航员喝的水，供应倒比较方便。只要把他排泄出来的水分收集起来，这些水经过净化，仍旧可以饮用。

科学家还有一个更大胆的想法，就是人工合成食物。人排泄出来的废物，可以分解成碳、氢、氧、氮、磷、钾等元素，而食物正是由这些元素构成的。如果能够把人排泄出来的废物分解成各种元素，再用化学方法直接合成食物，那就更加省事了。

　　这个幻想并不是不可能实现的。用空气、煤和水合成尿素的方法早就研究成功了，而尿素就可以代替一部分蛋白质养料来饲养牲畜。目前化学发展得很快，许多化学家都在探索人工合成食物的方法，并且有一些已经取得了成功。

星际空间的小地球

　　地球外面包着很厚的一层空气，我们就生活在空气的"海洋"里。空气不但供给了我们呼吸用的氧气，还保护着我们，使我们不至于太冷，又不至于太热。

　　白天，空气反射和吸收了一部分太阳光，剩下的一部分太阳光照到地面上，变得很柔和，地面上的温度就不至于升得太高。夜间，空气又保护着地面，使地面上的热不至于很快地散失掉。所以在地面上，白天和夜间的温度不会相差很远。

　　星际空间没有空气。宇宙飞船没有空气的保护，它受到太阳照射的一面，会热到100℃以上；背着太阳的一面，冷到-200℃以下。在冷和热相差得这样远的环境里，人是受不了的。

　　我们生活在空气的"海洋"的底层。空气虽然很轻，但是也有重

量。包在地球外面的空气层非常厚，它压在地面上的重量也很惊人，这种重量就叫作"大气压力"。根据计算，每平方米地面受到的大气压力达到 10336 千克。我们每个人身上受到的大气压力，就有一二十吨。

你也许觉得奇怪："我连一百斤的担子都挑不起，怎么能够受得住几十吨的压力呢？这么大的压力怎么没有把我压扁呢？"

这是因为人一向生活在大气压力下，身体的组织和机能都适应了这样的环境。正像许多生活在海洋深处的鱼一样，它们已经适应了巨大的水的压力。

深海里的鱼被捞出海面会立刻死去。因为巨大的水的压力一消失，它们反而受不了了，它们的眼珠会从眼眶里突出来，内脏会从嘴里吐出来。人一进入没有大气压力的星际空间，同样也会受不了。

没有了大气压力，即使有氧气，人也没法呼吸。你喝过汽水，汽水瓶子一打开，就有好多气泡冒出来。为什么盖子没有打开之前，看不见瓶子里有这些气泡呢？原来瓶子盖紧的时候，瓶里的气压比外面大得多。气压越大，液体里可以溶解的气体就越多。盖子一打开，瓶里的气压骤然降低，汽水里不能再溶解那么多气体，原来溶解在汽水里的气体就成为气泡跑出来了。我们的呼吸也要靠大气压力帮忙。在大气压力的作用下，我们吸进去的氧气溶解在血液里，随着血液输送到全身各个部分，满足生理活动的需要。如果没有了大气压力，血液里能溶解的氧气就大大减少，不能维持人的生命。

在平地上，水要煮到 100℃才沸腾，可是在高山上，水不到 90℃就沸腾了，因为高山上的大气压力比平地低。在离地面 19 千米的高空，因为大气压力太低,水在37℃就会沸腾。人的体温大约就是37℃,到了那里血液就会沸腾起来。你想想,血液都沸腾了,人还能活命吗?

包在地球外面的空气不但造成了大气压力,它的成分对我们的生活也有很大的影响。

我们在浴室洗澡,常常觉得很闷。因为浴室里的水蒸气太多了,我们肺里面的水分和皮肤上的汗水都很不容易蒸发。如果空气太干燥了,也就是含的水蒸气少了,我们又会觉得鼻孔和喉咙干得十分难受。

你瞧,人就是这样娇气,必须在湿度适当的空气中生活。

如果空气中的二氧化碳太多,人也会感到闷。你用被子蒙着头睡觉,不一会儿就会憋得难受。这就是因为被子里的氧气越来越少,你呼出的二氧化碳却越来越多了。

总之,人要正常地生活,必须有大气压力,必须有温度、湿度和成分都很适宜的空气。

星际空间没有空气,也没有大气压力,那该怎么办呢?

科学家用密封舱解决了这个问题,就是把宇航员的座舱做成不漏气的。宇宙飞船进入星际空间之后,密封舱里的空气不会跑掉,因此能保持跟地面上的大气压力一样的气压。而空气的温度、湿度和成分,还有自动的装置来调节。这样,住在密封舱里的宇航员依然可以正常地呼吸,自由地活动。

密封舱不能有一点儿缝隙,壁上不能有一个比针尖还小的孔。你一定知道,用针在打足气的车胎上扎一个小孔,车胎里的气就会哧哧地挤出来。这是因为车胎里的气压比外面的大气压力大得多。星际空间的气压等于0,而宇宙飞船的座舱里则保持着地面上的大气压力,舱内外气压的差别很大。如果座舱有一点点缝隙,舱内的空气就会立刻跑光,气压也就消失了。因此,宇宙飞船的座舱需要绝对密封。这样的要求,现在的科学技术已经可以做到了。

密封舱给人安排了跟地球一样的生活条件,它好像是星际空间中的一个小地球。

怎样战胜流星

星际空间游荡着无数流星,流星大多是小石块和小铁块。

流星运动的速度极快,有的达到 30 ～ 50 千米 / 秒。因为速度这样快,一颗很小的流星就可以打穿几寸厚的钢板。

流星的数目非常多。根据科学家估计,每昼夜落到地球上来的流星大约有几千亿个,总重量达到 3000 ～ 20000 吨。

在星际空间里飞行的宇宙飞船,会不会受到流星的袭击呢?宇航员的座舱,会不会被流星打穿呢?

根据科学家的研究,这样的可能性并不很大,甚至比大街上汽车出事的可能性还小。因为流星虽然非常多,但是星际空间太大了,相比之下,流星还是分布得很稀疏的。并且绝大多数的流星小得像灰尘一样,打不穿宇宙飞船的密封舱。重量在 1 克左右的流星,平均要10亿立方千米的空间才有一个。在行星之间的航线上,宇宙飞船也许要飞上一年半才会碰上一颗 1 克重的流星。这一段时间已经够宇宙飞船在地球和火星之间飞上一个来回了。至于和更大的流星相撞，可能性就更小了。

尽管可能性不大，流星的危险还是不能忽视。因为万一碰上了，密封舱给砸了个窟窿，舱内的空气立刻跑光了，宇航员就会瞬间丧失性命。

为了防御流星的袭击，首先得给宇宙飞船装上坚固的外壳。这是第一道防线。再把飞船内部做成几个相互隔绝的密封舱。万一第一道防线被攻破，流星也只能打穿一个舱，别的舱仍然是安全的。宇航员可以从容不迫地把被打穿的舱壁修补好。宇航员得穿上特制的宇航服。宇航服可以说就是一个小密封舱，里面有适当的气压和供氧、通风等设备。即使密封舱被流星打穿了，穿着宇航服的宇航员也不至于有生命危险。

科学家还在研究一种叫作"光量子激射器"的装置。这种装置可以发出一束力量极大的光线。假如我们把一枚硬币投在这束光线里，硬币立刻无影无踪，也不知是给烧化了，还是给推走了。将来宇宙飞船装上这种装置，遇到流星的时候，只要朝流星射出一束这样的光线，流星就立刻消失了。

流星虽然在星际空间里游荡，它们的分布和运动也有一定的规律。它们大多聚合成群，在一定的轨道上环绕着太阳转圈。现在已经发现的流星群有几百个，它们有的每年接近地球一次，有的要隔125年以上才接近地球一次，时间长短不等。如果我们掌握了流星运动的规律，不在流星群接近地球的日子里发射宇宙飞船，并且使宇宙飞船的航线尽可能避开流星群的轨道，宇宙飞船就不大会和流星相撞了。

最危险的敌人

前面所说的,对于宇航员来说,都还不算最危险的敌人。最危险的敌人是太空中的各种辐射,包括太阳的硬 X 射线和紫外线。

有一种辐射叫作宇宙射线,它实际上是各种不同化学元素的原子核,运动的速度非常快,几乎跟光在真空中传播的速度一样,也就是说接近 30 万千米 / 秒,因此它的力量也极大。任何物质碰到了宇宙射线,它的分子就会被破坏。人的身体碰到了宇宙射线,细胞的组织就会被破坏,人就会生病,甚至死亡,跟受到了原子弹爆炸所产生的射线的伤害一样。

现在已经知道,地球周围有两条辐射很强的带子,科学家把它们称作辐射带。靠近地球的一条叫内辐射带,离地面有 400~500 千米;外面的一条叫作外辐射带,离地面大约有 8 万千米。这两条辐射带都从赤道上空向南北方向伸展。在辐射带内,特别是内辐射带,辐射的强度要比一般星际空间大得多。

辐射这样厉害,那么人究竟还能不能飞出地球呢?

科学家现在已经找到了一些防御太空中辐射的办法。

一种办法是用比较能够抵挡辐射的材料做宇宙飞船的外壳,并且把外壳做得厚一些。不过把外壳做得太厚,飞船就太笨重,发射起来很困难。当然,如果能找到一种分量轻,抵挡辐射的力量又很强的材料就好了。可是这样的材料至今还没有找到。

还有一种办法是让宇航员吃一些药，来增强抵抗辐射的能力。这样的药已经制造出好几种来了，但是效果还不是很显著。

星际空间的辐射有很大一部分是太阳发出来的。太阳看来好像很平静，其实在不断进行像氢弹爆炸那样的热核反应。太阳活动比较正常的时候，发出来的辐射就弱一些；太阳活动强烈的时候，发出来的辐射就会增强许多倍。如果宇宙飞船在太阳活动比较宁静的时候发射，就比较容易防御这种辐射了。太阳的活动大概每隔 11 年有一次高峰。2013 年就是太阳活动剧烈的一年，现在这个高峰早已经过去，正是人飞向星际空间的好时期。

当然，太阳的活动也不一定那样有规则，有时候也会突然"爆发"，辐射会突然增强。不过这也不要紧。科学家发现，太阳在"爆发"以前，表面总会出现某些特别的现象。在宇宙飞船飞向星际空间时，只要随时观测太阳，一旦发现"爆发"的预兆，宇航员可以暂时躲进很厚的大铅桶里，等危险过去以后再出来工作；也可以让宇宙飞船马上飞回地球，避过这一场危险。

在飞向星际空间之前，宇宙飞船还得经过地球周围的两条辐射带。人能不能冲破这个障碍呢？

有两个办法：一个办法是给宇宙飞船装上很厚的防护"装甲"，用最快的速度硬闯过辐射带。前面已经说过，外壳做得太厚，飞船太重了，发射起来很困难。另一个办法是干脆躲开辐射带。辐射带是沿赤道上空向南北方向伸展的。在赤道上空，宇宙射线的密度最大，越往两边就越小。在南极和北极上空宇宙射线的密度几乎同一般行星际空间一样了。所以南极和北极的上空好像是辐射带的两个"窗口"。宇宙飞船如果从这两个窗口钻出去，在里面的人就没有什么危险了。这个办法也有一个缺点，就是宇宙飞船在离开地球之前，要绕许多弯路。

辐射没能挡住人们飞向星星的道路。现在已有多国宇航员曾经在空间站长时间生活和工作，美国多名宇航员曾往返月球。

六、它们为人飞向太空探路

莱伊卡——全世界最知名的狗

你知道全世界从古到今最知名的小狗是哪一个？你知道为之建立纪念碑、纪念馆、谱写了六首歌曲的小狗是哪一个？它是苏联送上人造卫星轨道的首个太空动物——小狗"莱伊卡"。

莱伊卡的确是一只很不寻常的小狗，因为它是人飞进太空前的第一个探路者，肩负了十分重大的任务——为人进入太空打先锋。

在首颗人造卫星上天一个月以后，1957 年 11 月 3 日当地时间上午 10 时 28 分，苏联发射了第二颗人造地球卫星。这颗人造卫星是圆锥体，它比首颗卫星重多了，重量达到 508 千克，是首颗卫星的 5 倍。

更重要的是，它不仅携带了更多的科学仪器，还带着一只名叫"莱伊卡"的小狗。它后来成了全世界从古到今最知名的小狗。

　　莱伊卡进入了这颗人造卫星上专门为它设计的密封的生物舱内。密封舱固定在火箭的头部。莱伊卡身上连接着测量脉搏、呼吸、血压等身体状况的医学仪器。密封舱还有一个面对它的摄像头，把它的一举一动都摄下来。卫星上的无线电遥测设备，将全部测量资料发回地面。发回地面的测量资料，说明了莱伊卡在火箭发射、卫星进入轨道以后的阶段经历超重、失重等宇宙航行严酷条件考验的情况，也说明了各种科研、遥测设备以及生命维持装备的工作状况。这为人今后从事宇宙航行提供了很有价值的参考数据。莱伊卡为人进入太空做出了重要的贡献。

　　那时的技术水平有限，这颗卫星是无法回收、无法安全回到地面的。据当时苏联的报道，莱伊卡在生物舱生活了一个星期，完成了实验任务之后，在到达离地球 1600 千米的高处时，计划规定让它吃最后一顿含有剧毒的晚餐后安静地死去，为人类的科学事业"光荣献身"。

　　2002 年，曾经参与苏联人造地球卫星发射的俄罗斯生物医学研究所科学家德米特里·马拉桑科夫博士宣布：在这颗人造卫星发射后不久，绑在莱伊卡脖子上的医学传感器传回地面的数据显示，莱伊卡的心率达到平日的 3 倍。传感仪的压力指标等数据都显示出，在生命的最后阶段，小狗莱伊卡承受着巨大的痛苦。莱伊卡刚飞上天没几个小时，密封舱急剧变热。随后没多久，卫星遥感勘测系统也出现故障而瘫痪，密封舱中的情况再也没人知道。苏联科学家相信，莱伊卡可能进入太空不久就被活活热死。当年的人造卫星密封舱与莱伊卡的尸体目前还留在围绕地球的轨道上。

人们永远不会忘记莱伊卡为载人宇宙航行做出的牺牲。苏联在1957年当年就为莱伊卡发行了纪念邮票，后来在莫斯科为莱伊卡建立了一座纪念碑，它还成为苏联一种香烟的商标。到目前为止，在世界各地，人们至少为它谱写了六首歌，描写它的世界首次动物宇航壮举。

1997年，莱伊卡太空飞行40年后，俄罗斯人在莫斯科郊外的航天和太空医学研究所为莱伊卡建立了一个纪念馆。当年，它和其他9只狗就是在这里接受宇航训练的，而最后"莱伊卡"被选中踏上首次动物宇航之旅。

2008年4月11日，俄罗斯为莱伊卡纪念碑举行落成揭幕仪式。这座小型铜质纪念碑位于莫斯科军事医学研究所附近，形象是莱伊卡站在一枚高两米的火箭上的一个巨大的人手掌的掌心上。多位满头银发、德高望重的学者在这座纪念碑前摆放鲜花。

1958年5月15日，苏联发射了第三颗人造地球卫星。重量增加到1327千克。它也是圆锥体，长3.57米，最大直径1.73米。苏联《真理报》说："这个卫星体积之巨大，自动化程度之高，使苏联科学技术接近了制造宇宙飞船的目标。"

"太空狗"的选拔与宇航训练

在莱伊卡上天以前，苏联航天部门从1951年开始还曾经用一些狗进行"亚轨道飞行"的试验。

"亚轨道飞行"又被称为"次轨道飞行"，就是把火箭发射到100千米以上的高空,不进入围绕地球的轨道,而立即直接返回地面。用狗进行"亚轨道飞行",是为了检验人到底能不能经历宇宙航行。

不是什么狗都可以成为"太空狗",也不是入选后不经训练就可以立即飞天。

当年苏联宇航部门不用家犬而专门挑选莫斯科街头的流浪狗来执行太空飞行任务,因为科学家觉得流浪狗可能比其他的狗更能忍受太空飞行中严酷且极端的条件。科学家还专门挑选雌犬来从事太空飞行。科学家认为,雌犬的性情比较温顺,而且它们不需抬腿排尿。

流浪狗初步入选后还要进行长时间的严格训练。训练的科目包括长时间站立不动,穿太空服,进行震动台、离心机、压力舱等实验,进入火箭的模拟器,逐渐缩小笼子使它们适应太空舱的狭小环境。接受模拟火箭发射时的高加速度的训练,使它们能够很好地耐受超重。科学家还要教它们学会吃膏状的高营养食物。

经过对候选"太空狗"这样长时间严格训练,不断淘汰不适应的候选者,最后筛选出极少数可从事太空飞行的未来"太空狗"。

不是所有入选者都能成为真正的"太空狗"。

"小蝇"是同莱伊卡一起接受训练,准备从事首次宇航任务的10只"太空狗"候选者之一。它因拒绝适当的进食而没能入选,错失成为第一只"太空狗"的荣誉。

探路归来的英雄 "太空狗"

要把人送上太空，用这些人造地球卫星是不行的。你总不能让上天的人像莱伊卡那样永远留在太空中啊！要让人能上得去也下得来，那就必须造出能返回地面的宇宙飞船。

1960年初，苏联科学家制成能够安全返回地面的"东方"型卫星式飞船。他们决定在送宇航员上天之前再次用狗测试运载火箭和"东方"型飞船的安全性。一共有6只狗乘坐过"东方"型卫星式飞船，为人类飞进太空探路。

这年5月15日，苏联发射了第一艘卫星式飞船。它重4540千克。这是载人宇宙飞船的首次实际航天检验，试验宇航员生存和宇宙飞船返回地面的各种系统。

莱伊卡"光荣献身"了，而乘坐过"东方"型卫星式飞船的6只"太空狗"中有4只完成了为人飞进太空前探路的任务，平安地返回地面，成为受到人们欢迎的英雄。

1960年8月19日，苏联第二艘卫星式飞船进入太空。它在太空环绕地球飞行18圈后，成功地返回地球。上面搭载了小狗"松鼠"和"小箭"，它们在太空度过了一天后平安返回地球。与它们一起进入太空的还有1只灰兔、40只小鼠、2只大鼠、一些果蝇、若干植物与真菌。在世界上第一次实现生物完成宇宙航行后平安回到地面，并存活下来。

小狗松鼠和小箭从太空平安返回地球后，受到了英雄式的待遇。它们经常到幼儿园和孤儿院亮相，成为当时苏联儿童心目中的偶像。

狗妈妈松鼠后来生了两胎，它的儿子还扮演了和平使者。1962年10月，苏联和美国关系一度处于剑拔弩张的状态。苏联领导人赫鲁晓夫为了缓和两国高度紧张的关系，把小狗松鼠的儿子送给了美国总统肯尼迪的夫人杰奎琳，以表示友好。

小狗小箭后来生了六只幼犬，其中一只叫"绒毛团"的狗崽被送给肯尼迪总统的孩子们做礼物，"绒毛团"的后裔依然存活至今。这给了科学家又一个信念：宇宙航行没有影响动物的生育能力。

小狗松鼠和小箭死后，它们的遗体都保存下来。松鼠的遗体在莫斯科展示，而小箭的则在世界各地巡回展览。

一只名叫"小黑"的小狗在1961年3月9日搭乘苏联第四艘卫星式飞船进行围绕地球轨道飞行的任务。飞船上载有一个假太空人、小黑和一只天竺鼠。在重返时，假人被弹出太空舱外，用降落伞平缓地降落。在太空舱内的小黑平安无恙。

小狗"小星"在1961年3月25日搭乘苏联第五艘卫星式飞船进行围绕地球飞行的任务。飞船上带有一个木制的假太空人。这次飞行是"东方"型宇宙飞船在苏联宇航员上天前的最后演练。假人再次被弹出舱外，而小星留在舱内。假人和小星都毫无损伤。

另一些"壮烈牺牲"的"太空狗"

1960 年 12 月 1 日,苏联发射了第三艘"东方"型卫星式飞船。它载着两只名叫"小蜂"和"小蝇"的小狗与其他动物、植物飞上太空。

这艘卫星式飞船绕地球轨道飞了 7 圈,它在返回地面途中因为导航失误而解体,在大气层中烧毁。两只小狗与其他动物、植物无一幸存。

小蝇没有入选 1957 年 11 月的首次宇航,逃过了像莱伊卡那样在密封舱热死的命运,但三年后还是在太空飞行试验中"壮烈牺牲"。

20 世纪 50 年代到 60 年代初,苏联多次把狗用火箭送入 110~470 千米的高空,进行亚轨道飞行的太空飞行试验。

1951 年 7 月 22 日,苏联科学家第一次把两只狗"杰齐克"和"茨冈"用火箭送到高空,进行亚轨道飞行。这是世界上首次将动物送入太空的实验。杰齐克和茨冈搭乘火箭飞上了 110 千米高的太空,然后随返回舱自由降落。当降到距地面 7 千米的高空时,降落伞打开,两只狗安全返回地面,毫发无伤。它们可以说是最早的"太空狗"。

杰齐克同年 9 月进行了又一次亚轨道飞行,同行的是另一只狗"莉萨"。遗憾的是,它们两个未能平安归来,为太空事业献出了生命。

这一时期,苏联科学家总共进行了至少 57"犬次"的亚轨道飞行的太空试验。因为有些狗参与了不止一次的亚轨道飞行任务。这批"太空狗"的实际数目是 30 多只,共有 10 只狗在实验中为太空事业"殉职"。

七、初闯太空——真实的科学故事

比科幻还诱人的真实科学故事

经过人们顽强不懈的劳动,星际空间的大门终于被闯开了。

1961 年 4 月 12 日,苏联宇航员尤里·阿列克谢耶夫·加加林乘坐 "东方 1 号" 宇宙飞船升空,第一次实现了人类进入太空的梦想。

这天莫斯科时间 9 点 7 分,运载火箭载着 "东方 1 号" 宇宙飞船从哈萨克的拜科努尔航天发射场起飞,直冲云天。宇宙飞船进

毕加索画的加加林与和平鸽

入了近地点为 169 千米、远地点为 327 千米的围绕地球运行的轨道。飞船的轨道与赤道的夹角是 64.95 度。

"东方 1 号"飞船重约 4.73 吨,由球形密封座舱和圆柱形仪器舱组成。座舱直径 2.3 米,可乘坐一名宇航员。舱外覆盖防热层,舱内有可维持十昼夜的生命保障系统,还有弹射座椅和仪器设备。飞船再入大气层时,抛掉末级火箭和仪器舱,宇航员乘座舱返回。

10 点 25 分,飞船在北非上空进入稠密的大气层。

当飞船座舱下降到距地面 7700 米时,加加林和座椅一起弹射出来,三顶彩色的降落伞徐徐张开;距地面 4400 米时,座椅和加加林分离。

10 点 55 分,加加林降落在萨拉托夫州斯梅洛夫卡村一片长着大麦的田野里。

飞船以 1 小时 48 分的时间绕地球飞行一圈后安全返回到地面上。

当天,那块大麦田的着陆点上就竖起了一块木牌,上面写着:"不许动! 1961 年 4 月 12 日莫斯科时间 10 时 55 分。"后来,这里建起了一座尖塔式的纪念碑。

文有仁访莫斯科加加林纪念碑

进入太空,千百年来是科幻故事的题材,现在它成了真实的科学故事。而这个真实的科学故事比最大胆的科幻小说还要诱人。

下面是笔者当年根据苏联大量报道写的一个真实的科学故事。

1961 年 4 月 12 日的早晨

星星越来越少了，天空由深沉的宝蓝慢慢变成了蔚蓝色。东方现出了鱼肚白。突然，万道霞光洒出，把天边的白云染成了一片金黄。红艳艳的太阳从地平线下探出了身子。

在宇宙飞船起飞场上，工人、技术员、设计师、科学家们已经忙了一整夜，为世界上第一艘载人宇宙飞船的起飞进行最后的准备工作。他们仔细检查飞船的每一个系统、每一架仪器，甚至每一个螺丝钉。人类世世代代的理想——到宇宙中去旅行，就要在他们手中实现了。多么重大的责任呀！他们决心要把飞行准备工作做得百分之百的完美，要使这次飞行一定成功。

离起飞只剩下几小时了，飞船检查工作也快结束了。人们望着东方初升的太阳，心里充满了欢乐。

护士来到一个陈设朴素而大方的小房间。这里的气氛同宇宙飞船起飞场完全不一样，显得十分宁静。淡蓝的窗帘把金黄色的阳光挡在窗外，只有缕缕柔和的、淡淡的蓝色光线悄悄地挤进了房间。桌上小闹钟发出滴滴答答、清脆的响声，陪伴着轻微的、均匀的鼾声。

护士走到床铺跟前。床上的人睡得那么安详，那么香甜，脸上浮动着隐约可见的幸福的微笑。他就是世界上第一位宇航员尤里·加加林。再过几个小时，他就该飞入茫茫宇宙了。

头天晚上，按照预先规定的制度，医生嘱咐他好好睡上十小时。

他躺上床就进入了梦乡，好像第二天将从事的不是人类第一次宇宙航行，而是例行的飞行一样。

"该起床了，尤里。"护士轻轻推着他的肩膀。

加加林睁开了双眼，像往常一样，从床上一跃而起，穿好衣服，跑到空气清新的小花园，面对着朝阳，做早操。洗漱完毕以后，一些穿着白外套的人来了。医生再一次详尽地检查了加加林的身体。真难想象，在这行将起飞的时刻，他竟然那么平静，心脏像平常一样均匀地跳动，脉搏完全正常，每分钟 70 次。

"真行，尤里！"医生说，"难道你一点儿也不感到紧张吗？"加加林回过头来，爽朗地笑了："干吗要紧张呢？党和政府的关怀是这么细致入微，而我们苏维埃的科学家们，不是把一切都安排得妥妥帖帖了吗？"

人们帮他穿上了天蓝色的宇宙服，戴上了头盔，这一身装备真可以说是一套复杂的宇宙甲胄，穿起来可不那么容易。但它不仅可以防御宇宙航行中各种因素的影响，还是暖和而舒适的。

大轿车开到宿舍门前，大家拥着加加林登上了汽车，向飞船起飞场疾驰而去。

进军开始了

巨大的宇宙飞船，像一座巨塔，高高地矗立在起飞场上，老远就可以看见它那尖尖的头部直指天空，好像正在向天公挑战。它威风凛凛地挺立在辽阔的原野上,好像在庄严地宣告:人将第一次闯开宇宙的大门,闯进宇宙的森严禁地。

工人、工程师、科学家们聚集在火箭旁。他们之中许多人早就熟识加加林了。大家同他告别、祝贺、拥抱、亲吻……

同志们陪他走到火箭发射台的电梯旁。他的心情显得更加愉快,更加开朗,他紧紧地握着同志们的手,一面还在说笑,逗弄得大家都哄笑起来。这一切都在预示,即将到来的宇宙航行一定是一次胜利的进军。

电梯把加加林从火箭底层一直送上了飞船舱口。站在高高的舱口,他向地面望去,地面上的一切好像都变小了,同志们还在向他挥手高呼再见。加加林再一次瞭望了苏维埃大地,远方的田野、山冈、树林。"再见,亲爱的祖国母亲,我一定会回到你的怀抱的。"他心中默默地想道。最后他又向站在下面的同志们挥了挥手,走进了密封舱。座舱真够宽敞,比喷气式飞机驾驶员座舱还要宽敞一些哩。舱门关上了。他再次检查了各种装备,检查了飞行地图、飞船航行日志等。一切都妥当了。他坐进了舒适的座椅,全身平躺下来,摆好仰卧的姿势。这时,耳机里传来了熟悉的声音:"尤里,该起飞了。"

"好,走吧。"加加林乐呵呵地嚷道。

火箭发动机发出了隆隆的吼声,起飞场一片烟雾蒙蒙。巨大的火箭突然一跃而起,直向宇宙冲去。

在飞行指挥部里,墙上日历撕到 1961 年 4 月 12 日,大挂钟的指针指着 9 时 7 分。

这是一个伟大的时刻,人们将永远记住它。从这个时刻开始,人类进入了征服自然历史的一个新时代——人类从事宇宙航行的时代。

直上重霄九

一股巨大的力量突然向加加林袭来，把他紧紧压在座椅上。他的呼吸变得十分吃力，眼皮老是不由自主地闭起来。手、脚都变得那么沉重，甚至连手指都动弹不了。

飞船开始了加速飞行。飞船速度必须在几分钟内由 0 增加到 8 千米／秒。

火箭发动机发出了震耳欲聋的轰鸣声，飞船产生了强烈的震动。由于苏联科学家设计出了有效的隔音装置和减震装置，传到密封舱里的噪音和震动减弱了许多。它同一般喷气式飞机座舱内感到的差不多，可是这也还是够使人难受的。

"我是经得起超重考验的。"加加林想得不错。火箭正以每秒几十米的加速度向天空冲去，突破了大气层。一切感觉比起加加林平时在离心机上做加速度训练和在震动台上进行震动和噪音训练的时候艰苦得多了，但加加林并没有像从前一些幻想家预言的那样"昏过去"。他集中了全部精力，控制自己坚实如铁的腹部肌肉，抵抗那难以忍受的超重。在这最紧张的飞行时刻，他还在继续坚持工作。他尽力睁大眼睛，盯住面前仪表上读数的变化，一面大声地读着各种仪表读数，通过无线电向地面报告。他说，他张嘴都是困难的，嘴唇也好像产生了几千克的重量……

耳机不断传来地面联络员的声音："你听见没有？你听见没有？请你回答，请你回答，你现在感觉怎样？"

"感觉良好。我看到了烟雾弥漫的地球。"加加林大声回答道。舷窗外出现了清晰的地球形象。"多么美呀！"他情不自禁地在无线电中嚷了起来。

运载火箭的最后一级也停止工作了。这个不算运载火箭最后一级、重达4725千克的飞船，已经进入了围绕地球运行的接近于圆形的轨道。轨道离地面最近（近地点高度）是180千米，离地面最远（远地点高度）是327千米，它同赤道平面的交角是64度95分。飞船飞入了宇宙空间，人类也第一次来到了宇宙空间。加加林突然感到了一种异乎寻常的轻松——超重的感觉完全消失了，他进入了一个全新的境界。

全都飘浮起来

加加林一下子从座椅上飘了起来，全身轻飘飘，没有一点儿重量。一支没有加以固定的钢笔也飘了起来，在空中飘来飘去，最后就悬在空中，上下左右四边不沾，而他本人也是不着不落地悬在空中，开始了飞船沿轨道运行期间的失重状态。

把人们禁锢在地面上的地球引力被战胜了。人类千百年来摆脱地球引力的梦想，今天第一次成了现实。宇宙飞船沿椭圆轨道运行产生的离心力，完全抵消了地球引力。

尤里·阿列克谢耶夫·加加林

加加林就让自己悬在空中。干吗非要让自己贴在座椅上不可？那样还要双手在空中划上一阵，才能划到座椅上，就这样悬着倒更自由自在。加加林伸了一下胳膊，他习惯地像在地面上一样，不再使劲了，可是这回胳膊很"懒惰"，依然伸着，不肯自动垂下来。原来胳膊已没有重量了。呼吸也变得轻快极了，比在地面上轻快得多哩！加加林竭力使自己很快地习惯下来。

　　"应该继续工作，"加加林心中想道，"应该把现在所观察到的一切都记下来。"

　　他伸手去摸飞行地图板和飞船航行日志。不知什么时候，它们都从他身边飘走了。他四处巡视，发现飞行地图板贴到了左上方的天花板上，飞船航行日志却在右下方离地板不高的地方来回飘荡着哩。他伸手把飞行地图板从上面揪了下来。在这里，东西虽然没有重量，但仍然有质量，因此要使东西移动，不论是从上向下，从下向上，或平着移动，都要使出同样大的劲。这里根本就失去了上和下的概念。接着他又把飞船航行日志也捕捉回来。

　　他拿出笔开始填写飞船航行日志。在写字的时候，左手得把板子紧紧按住，否则板子一下子飘走了。他原先以为笔迹也许会起变化，可是现在发现，失重竟是这么容易习惯，字迹一点儿也没有变化。他还按电报键发电报，这也没有什么不方便。

　　加加林想起过去一些科学家把失重描写得很可怕，就感到好笑。看来，失重倒更舒服一些。失重不仅对机体没有坏的影响，相反，机体在失重情况下工作得更好了。工作能力完全保持着，而且身体不再感到疲劳、吃力，工作变得更加轻松愉快。

友情之声传天外

舷窗外的天空，同地面看到的完全不一样，黑洞洞的，比没有月亮的夜空还黑得多。深沉的、无边的黑暗，好像一个巨大的怪物张开着无底深渊似的大口，在一旁窥伺，随时准备把飞船吞食进去。星星在舷窗外迅速地掠过，它们比地面上看到的显得亮多了、清晰多了，一下也不眨动。除了仪器工作所发出的细微的嘶嘶声外，到处笼罩着死一般的寂静。难怪一些心理学家认为，这种环境会给人一种极端恐怖、孤独的感觉，在心理上造成严重后果。

可是，加加林并没有这种感觉。他是一个苏维埃人。他想到的，只是这次飞行的责任十分重大；他考虑的，只是如何能更好地完成祖国交给他的任务。

害怕吗？他一点儿也不觉得。他完全相信苏维埃祖国创建的头等技术。他知道，祖国在注视着他，随时准备着在他落入复杂的处境时帮助他。

临行前，他曾经看了一眼摆在他书桌上的照片。照片上妻子瓦莲金娜和两个小女儿——两岁的叶莲娜和刚满月的佳莉亚好像在含笑向他告别。"出这样的远门，一飞几万千米，要不要把这张相片带在身旁呢？"他曾这样问自己。可是他一想到自己过几个小时一定会平安归来，就像平常进一趟城一样，就觉得自己这个念头很可笑了。

在这里，他时刻都可以感受到祖国的关怀，感到祖国就在他身边。

听，耳机里不是传出了祖国的声音吗？莫斯科传来了优美的《莫斯科之歌》。尽管这首歌他已听过了许多遍，这一次听来却分外亲切。远东的哈巴罗夫斯克也送来了《阿穆尔河波涛汹涌》。豪放的歌声把他带回辽阔无垠的西伯利亚原野。真应该感谢祖国的电讯科学工作者，他们设计了多么卓越的联系工具啊！尽管飞船同地面指挥部的距离变化十分迅速，但他几乎在飞行的大部分路程中都可以同地面直接通过电话对话，可以发电报，也可以听到广播。根据电话中传来的语音，他甚至可以分辨出是谁在讲话。听，地面上又换了一个联络员了。这声音多么熟悉啊，加加林一听就猜出了，这就是那位喜欢打排球而且说话十分逗趣的小伙子。

白天中的黑夜

飞船飞入了地球的阴影，开始了"黑夜"。对加加林来说，这是4月12日上午度过的"黑夜"，是白天中的"黑夜"，也是这一天的第二个"黑夜"。

加加林向地面望去。照说在这样的高度上，地面上大城市的辉煌灯火，在飞船上是能看得见的。可是加加林什么都看不见，他根据飞行地图计算了一下，原来现在正在海洋上空飞行。

他向地平线望去。哎呀，多么美丽！他在地面上还从来没有看见过这样美丽的景色哩。地球周围围着一条窄窄的彩带。彩带是蔚蓝色的，十分别致、瑰丽。它最里圈是浅蓝色，往外圈去，就逐渐转变为蔚蓝色、蓝色、紫色，然后完全融合在天空的深黑色之中。色彩变换得那么柔和，你简直说不出，哪一种颜色的边缘在什么地方。

这个"黑夜"是加加林一生经历过的最短的"黑夜"了。它通共有40分钟左右。"黑夜"过去了，"白天"跟着到来。"白天"的到来也正如"黑夜"的到来一样突然。由于没有大气对阳光的散射作用，这里根本就没有黄昏和黎明。白天和黑夜的转变是十分迅速的。

白天，地球的光环变得更美丽了。光环显得宽多了。紧挨着地平线的是一条鲜艳的橘红色宽带。往外圈去，宽带经过红、橙、黄、绿、青、蓝、紫等彩虹的全部颜色，最后消失在天空的深黑色中。

他向太阳望去。太阳那么耀眼，根本不可能多看一会儿。它的明亮程度要比地面上看到的亮几十倍、几百倍。拿一块圆板遮住太阳的圆面，就可以看到太阳在黑暗天空的背景中发出的熊熊火焰。可是就在这十分明亮的太阳旁边，也看到了缀在黑暗天空中的星星。

加加林悬在舷窗旁边，为这一切变幻而绚丽的景色所陶醉，然而他的感情里几乎完全没有惊讶的成分。这一切不是早已被精明的科学幻想家们说过了吗？

宇宙盛餐

"你吃饭没有？你吃饭没有？吃饭的时间到了，应该吃饭了。"耳机中又传来了那位小伙子亲切的声音。"可不是，"加加林想道，"一股劲忙着观察，竟把吃饭的事都忘了。"

他打开壁橱，从里面拿出了一块"宇宙食物"。这是一块用玻璃纸包着的深色胶冻状的物质。它是苏联医学科学院特制的食物。别看体积很小，它可含有人体必需的各种营养成分和必要数量的水哩。宇宙食物发出扑鼻的香味，诱人食欲。闻到这个气味，他倒觉得着实有点饿了，便三口两口吃下了这块"宇宙食物"。

以前，人们总认为在失重环境下是不能吃干食物的，据说干食物会呛到鼻孔和气管中。加加林临上飞船时带了一块面包，准备试试在宇宙空间中吃面包会遇到什么情况。吃完"宇宙食物"，他就接着吃面包，结果一切正常，面包很顺利地被嚼碎、吞咽下去了。

吃完面包，他开始感到口渴，又从橱里拿出了装饮料的软袋来。加加林用嘴含着软袋袋口，像小孩吮吸奶瓶一样，一面用手挤软袋，才把水挤到嘴里。一不小心，一大滴水从袋里漏了出来。它没有"流"到哪里去，只是悬在空中，聚成了一个小圆珠。小水珠是那么圆！加加林不由得用手去抓，小圆珠却在他的手上破碎了，四散飞开，不见了，只在手指上留下了一点儿湿痕。

看见了非洲大陆

距离曾经是限制人们往来的一类重大障碍，然而，在这里，在这时速28000千米的宇宙飞船上，距离却显得那么渺小。9时52分，飞船还刚刚飞在南美洲南端的合恩角上空，加加林还在向地面报告"飞行正常，我的感觉良好"，可是说完不大一会儿，南美洲就远远地落在后面了。

10时15分,加加林飞进非洲大陆,地面又传来了熟悉的询问声。"我正在非洲上空,飞行正常,经受失重的情况良好。"加加林大声嚷着回答。

他向下面望去,一切是多么清楚啊,简直同高空飞行的喷气式飞机上看到的差不多,只不过是缩小了。飞船上看到的非洲大陆的轮廓竟同地球仪上的完全一样。看到这一点,他不得不佩服人类认识自然的能力。

海洋很幽暗,而在太阳照耀下的整个地球,却显得极明亮。

地面蒙着一层隐约可以看到的淡蓝色的轻纱。这就是地球的大气层。透过轻纱,地面上的海岸线、山脉、大河、森林、大城市、湖泊都历历在目。瞧,那条有着许多分支的、细细的蓝色带子,不就是汹涌澎湃的刚果河吗?那像镜子一样在大陆东部的,不就是著名的维多利亚湖吗?在大西洋岸边,可以清清楚楚地看到达尔贝达的容貌。

在地面上,人们都是抬头仰望白云的。在这里白云却是低低地蜷伏在下面,好像紧贴在地面上一样。不仅朵朵白云看得很清楚,就连白云投在地面上的阴影也都清晰可辨。

凯歌归来

在10时15分,飞船飞进非洲上空的时候,自动程序装置发出了飞船仪器准备开动制动发动机的命令。

飞船下降的时间快到了。加加林"游"到自己的座椅上，摆好了预先规定的姿势。

　　10时25分，讯号发出了，飞船的制动发动机装置开动起来。飞船的密封座舱和仪器舱分离。座舱转入了下降轨道，瞄准事先确定的地点，向地面飞驰而来。

　　飞船的制动在开始时是非常缓慢的。因此，从失重过渡到重力出现的情况很平稳。加加林开始感觉自己又有重量了。胳膊举起来，不用使劲，又会自动垂下来了。他也用不着使劲使自己贴在座椅上以免飘浮起来，又可以像在地面上一样坐得稳稳的了。

　　座舱减速越来越大，制动越来越急剧，加加林感到自己的身体也越来越重了，有了与飞船起飞时相同的感觉。

　　座舱的制动伞自动打开。加加林根据座舱突然震了一下，感觉出了这一点。这就是说，下降阶段马上就要结束，下降可以认为是完全成功了。加加林高兴地大声唱了起来："祖国在倾听，祖国知道，他的儿子在云外飞翔……"

　　从制动发动机开动以来，20多分钟过去了，座舱来到了预定着陆地区上空。飞船降到离地面不高的高空，自动弹射装置把加加林从座舱中弹射出来。降落伞在他头顶上张开了。他双手紧紧抓住绳索，操纵降落伞，向一片开阔地落去。

　　地面越来越近了。加加林的脚尖终于触到了松软的地面。他双膝稍稍弯了一下，轻轻一弹就站直了身子。他健康无恙地回到了地球母亲的怀抱，身上甚至连一点儿擦伤和碰伤都没有。飞船也完整无损地回到了地面。加加林看了一下腕上的手表，指针指着10时55分。

从他离开地面到重新回到地面，一共只有 108 分钟。在这短短的 108 分钟里，他飞行了 40000 千米，绕地球整整兜了一大圈，经历了地球上任何一个人未曾经历过的生活。

胜利了。自从人类出现在地球上以来，地球始终以它那巨大的引力把人紧紧地禁锢在地上。而今天，人类第一次成长到可以离开地球母亲的摇篮，宇宙的大门第一次被闯开了。飞入宇宙不再是一种缥缈的幻想，它第一次变成了活生生的现实。

并不是一帆风顺

人第一次飞入太空的征程胜利结束了，但征程并不是一帆风顺的。

上文提到的在研制中曾经面临许多困难，这些困难逐一解决后，"东方 1 号"宇宙飞船得以制成和发射。除此之外，在"东方 1 号"宇宙飞船飞行过程中，仍有不少险情。

1961 年 4 月 12 日，首次载人宇航即将启程。当时，谁也没有把握这次能成功。

苏联曾有人建议让还没有儿女的宇航员季托夫来执行这次任务。当时负责载人宇航研究工作的苏联宇航专家、宇航局副局长、主任设计师和发射总指挥谢尔盖·科罗廖夫却坚持选用经验更为丰富的尤里·加加林，尽管加加林已经是两个孩子的父亲了。

还有一种说法，科罗廖夫之所以选加加林，与一件"微不足道的举动"有关。科罗廖夫后来回忆说,在选定首位宇航员时,所有人都感到很为难。因为从体能、技术、品德素质等方面来看,符合条件的有加加林、季托夫、涅留波夫三人,他们各方面素质都很优秀,而且彼此之间的差距又微乎其微,究竟选择谁更合适呢?他说,在一次训练时,"加加林在进入宇宙飞船之前,轻轻地脱下了自己的鞋子,只穿着袜子进入了座舱。就是这个在很多人看来微不足道的举动一下子打动了我,因为我从他的这一举动中看出了他平时追求完美的习惯,而且感受到了他对宇宙飞船的无比珍爱。要知道,他对宇宙飞船的珍爱实际上就是对我们这些设计人员的尊敬,也是对宇航事业的热爱。在后来的技能测试和知识问答中,加加林的表现同样完美,所以最终我们决定让加加林执行人类首次太空飞行的神圣使命"。

历史上有时会有令人意想不到的巧合。1934 年 3 月 9 日,科罗廖夫第一次与苏联第一颗人造卫星的主设计师吉洪拉沃夫谈起了载人宇宙飞行的前景,甚至谈到了谁将第一个飞上太空,而尤里·加加林正好在这一天出生。

人类太空飞行毕竟是史无前例的,前途多少还是有些吉凶未卜。临飞前,科罗廖夫安慰加加林说:"尤里,你不要紧张。不论你着陆到地球上哪个角落,我们都能找到你。"

加加林 108 分钟的太空之旅确实出现了不少险情。

飞船的气密传感器发生故障,发射前数分钟内不得不重新拧紧舱盖上的 32 个螺栓;通信线路一度中断,跳出个表示飞船失事的数字"3";第三级火箭脱离后飞船急剧旋转;返回时,飞船胡乱翻滚……然而,加加林一再逢凶化吉,奇迹般地完成了人类首次太空之旅。

后续故事：加加林飞船"着陆"沈阳

2002 年 5 月，沈阳科学宫二楼展厅熙熙攘攘。这里有活跃的中小学生，有许多青年人，也有白发苍苍的老爷爷、老奶奶。他们都被一个浑身长着天蓝色"眼睛"的圆球形黑色"怪物"所吸引，议论纷纷，挤上前亲手摸这个"怪物"。

这里正在举行辽宁省暨沈阳市科技活动周的主体活动——世界空间辽宁·沈阳航天科普展。这个"怪物"就是 1961 年加加林从太空返回地球时乘坐的飞船密封座舱。当年加加林着陆时就是坐在这个直径两米多的球体内。今天，这个座舱"着陆"沈阳了。展厅工作人员解释说，座舱的外表之所以是黑色的，是因为加了一层厚厚的隔热防烧蚀的材料。座舱返回地球穿过大气层时，与空气激烈摩擦产生高温，座舱的表面被烧焦。参观的人们仍可清晰见到座舱表面的烧焦痕迹。

据工作人员介绍，这个具有珍贵意义的座舱是哈尔滨工业大学以 25 万美元的价格从俄罗斯购进的，用于科研及教学之用。

在这以前，从加加林自太空回到地面时起，后续故事就开始了。

加加林完成了人类首次宇宙航行后，莫斯科以隆重的仪式欢迎凯旋的航天英雄。

随后，加加林进入茹科夫斯基航空工程学院学习。在毕业设计答辩后，学院推荐他到高等军事学院研究生院当函授生。加加林出任宇航员培训计划主任，还当选了苏联最高苏维埃的代表、苏联列宁共产主义青年团委员会的成员、苏联古巴友好协会主席。

1968年3月27日，他在一次普通的飞行训练中因飞机失事遇难。

为了纪念加加林，苏联把他的出生地改名为加加林区，国际航空联合会设立了加加林金质奖章，月球背面的一座环形山也以他的名字命名。

八、前赴后继飞向太空

杨利伟上太空，飞天梦成现实

从年轻时，我就憧憬有朝一日能目睹甘肃省敦煌莫高窟优美的"飞天"。几年前，我终于有机会来到了莫高窟。现场参观，留下的印象更加深刻。莫高窟现存有壁画和雕塑的492个洞窟中，几乎每个窟都画有"飞天"，总计有4500余身之多。天穹上，她们形态各异，身披彩带，自由自在地翱翔。仰望她们，会产生无穷无尽的遐想。我国人民喜爱"飞天"，不仅因为她们婀娜多姿，形象妩媚，舞姿优美，更重要的是，她们体现了中国人世世代代飞向太空的梦想。

2003年10月15日，中国人飞向太空的梦想终于成了现实。

这一天9时整，我国自行研制的"神舟五号"载人宇宙飞船，载着

38 岁的航天员杨利伟,在甘肃省酒泉卫星发射中心发射升空。9时 10 分,宇宙飞船同它的运载火箭分离,飞船准确进入预定轨道。

千千万万注视着这次发射的人发出了欢呼:我国的第一位航天员上天了!我们的杨利伟进入太空了!

这是中国首次进行载人航天。多少年来我国人民日夜盼望的这一天终于到来了。我国人民终于圆了世世代代的"飞天"梦。

"神舟五号"飞船发射

"神舟五号"飞船由轨道舱、返回舱、推进舱和附加段组成,总长 8.86 米,总重 7840 千克。

飞船由"长征二号 F"运载火箭发射到围绕地球运行的椭圆轨道,轨道的近地点离地面约 200 千米,远地点离地面约 348 千米,轨道倾角是 42.4 度。15 时 54 分,飞船开始改变轨道,随后进入了高 343 千米的圆形轨道。杨利伟在太空中围绕地球飞行 14 圈,经过 21 小时 23 分、60 万千米的安全飞行后,于 10 月 16 日 6 时 23 分成功着陆返回。

"神舟五号"航天员只待在返回舱拍些照片,不进入轨道舱,也不在太空做任何实验。返回舱高度和直径均为 2.5 米,四周都是仪器设备。为保障航天员的生命安全,航天员进舱后,就被固定在返回舱的座椅上,吃喝拉撒都由在座椅上的生活保障系统完成。"神舟五号"飞船上搭载的物品包括一面中国国旗、一面联合国旗帜、人民币主币票样、一包种子和航天员用于救生的工具及武器等。

"神舟五号"宇宙飞船的重量是加加林"东方1号"宇宙飞船的1.66倍,杨利伟太空飞行时间差不多是世界首位宇航员加加林的12倍,他的太空生活内容要比加加林丰富得多,有许多加加林未能体验的经历。

在杨利伟整个太空飞行期间,北京航天指挥控制中心指挥大厅里,左前方巨大的显示屏幕上频频出现身着乳白色航天服的杨利伟的清晰画面,工作人员屏息静气、有条不紊地操控着。

10月15日10时许,在"神舟五号"飞船进行环绕地球第一圈飞行时,杨利伟得到地面指挥人员指令,打开面罩。他拿着书和笔,当他松开手时,笔在太空失重环境下立即飘浮起来。11时过后,杨利伟开始在太空中进餐。他一边看书,一边用捏挤包装袋的方式享用这顿不同寻常的午餐。杨利伟的食谱包括八宝饭、鱼香肉丝、宫保鸡丁和用中药及滋补品制成的饮料等。我国研制的航天食品包括一口大小的长方形、球形和方形食品等,内容有肉块、鱼块、点心等,表面涂有一层可以食用的保护膜。航天员进食时一口吃一块,既方便简捷,又不会掉屑,可以避免食物碎屑散落飘浮在舱内。

12时左右,杨利伟开始在太空中的第一次睡眠。他睡得很香,酣睡了约3个小时。23时08分,"神舟五号"飞船进入第十圈飞行,杨利伟开始第二次休息,同样睡得非常香甜。加加林只在太空中绕地球飞行了一圈,没有机会体验太空睡眠。

15时54分,飞船变轨程序启动。指挥控制大厅大屏幕显示,飞船尾部喷出橘黄色的火焰,"神舟五号"飞船加速飞行;很快,飞船又进入平稳的飞行状态。整个过程中，杨利伟始终神情镇定。加加林的"东方1号"宇宙飞船由于飞行时间短，没有安排变轨程序。

17时5分，杨利伟从"神舟五号"飞船舷窗向外拍摄地球画面。北京航天指挥控制中心指挥大厅的大屏幕上显示出杨利伟拍摄的非常清晰的地球画面。

19时58分，"神舟五号"飞船运行到第八圈时，在北京航天指挥控制中心指挥大厅的杨利伟妻子张玉梅、儿子杨宁康与太空中的杨利伟通话。在太空中与亲人对话，也是加加林未能享受到的太空人间幸福。

16日6时23分，"神舟五号"载人飞船返回舱成功降落在内蒙古四子王旗主着陆场。实际降落地点距理论降落地点仅4.8千米。杨利伟在太空飞行了21小时23分钟，行程达60万千米。"神舟五号"飞船的轨道舱仍留在轨道上，再工作半年。

"神舟五号"载人航天飞行，受到世界高度评价。2005年3月，经国际小行星中心和国际小行星命名委员会批准，由中外天文学家分别发现的两个小行星被正式命名为"神舟星"和"杨利伟星"。同年8月，俄罗斯联邦宇航局局长佩尔米诺夫在莫斯科为杨利伟颁发了"加加林勋章"。

"神舟五号"飞船载人航天飞行实现了中华民族千年飞天的夙愿，是中华民族智慧和精神的高度凝聚，是中国航天事业在新世纪的一座新的里程碑。

我国第二批、第三批航天员上天

从杨利伟开始，我国航天员开始了前赴后继进军太空的进程。

2005 年 10 月 12 日上午 9 时整，搭乘两名航天员的中国第二艘载人飞船"神舟六号"，在酒泉卫星发射中心中国载人航天发射场由"长征二号 F"运载火箭发射升空。第二批登天的航天员是 40 岁的费俊龙和 41 岁的聂海胜。飞船进入近地点高度 200 千米、远地点高度 347 千米、轨道倾角 42.4 度的椭圆轨道。实施变轨后，飞船进入 343 千米的圆轨道。10 月 17 日 4 时 33 分，"神舟六号"载人飞船返回舱在内蒙古中部着陆场安全准确着陆。

与"神舟五号"飞船相比，我国载人航天基本技术又跨越了一大步。"神舟五号"搭载一名航天员、飞行时间不到 24 小时，"神舟六号"飞船搭载了两名航天员，飞行时间延长到 5 天。航天员活动范围从返回舱进入轨道舱。本次飞行期间，航天员开展了太空育种、材料合成等一系列空间技术实验，同时对失重条件下人的运动规律及人体心肌细胞、骨细胞的生长等进行了研究，并取得了初步成果。

翟志刚、刘伯明、景海鹏三名航天员搭乘的"神舟七号"飞船于 2008 年 9 月 25 日发射，飞行 2 天 20 小时 27 分钟，绕地球飞行 45 圈，9 月 28 日安全返回。翟志刚穿国产"飞天"舱外航天服，刘伯明穿俄制"海鹰"舱外航天服，互相配合，成功完成空间出舱活动。翟志刚首度出舱，第一次在太空留下中国人的足迹，并从舱外取回科学试验材料。飞船释放伴飞卫星进行围绕轨道舱伴飞试验，还成功进行"天链一号"中继卫星数据中继试验。

波兰宇航员同笔者谈亲历太空感受

20世纪80年代，笔者担任了新华社驻波兰分社常驻记者。当时波兰分社共有三位常驻记者。1986年12月18日，我们三人专门采访了波兰宇航员赫尔马舍夫斯基。

笔者长期从事国际科技报道，曾经多次读到过关于宇航员在太空的经历和见闻的报道，可是，当面听一位宇航员讲述遨游太空的经历和目睹的太空奇景时，仍然抑制不住内心的激动。

文有仁（右）等采访波兰首位宇航员

1978年6月27日，赫尔马舍夫斯基同宇宙飞船指令长、苏联宇航员克利穆克一起来到了拜科努尔航天发射场。当发射倒数数到零的时候，"联盟30号"宇宙飞船腾空而起，把赫尔马舍夫斯基带入了一个从未见过的陌生世界。

次日，他们的"联盟30号"就同已在绕地轨道上的"礼炮6号"太空站对接了。在这以前，"礼炮6号"已经同"联盟29号"宇宙飞船对接组成了轨道复合体。他们同早已在这里的另外两位苏联宇航员科瓦利诺克和伊凡钦科夫胜利地实现了"太空会师"。

为他们规定的太空研究和实验计划包括：进行工艺实验来研究在失重条件下制造半导体材料；进行医学和生物学研究来评定宇宙飞行因素对人的机体的影响；观测和拍摄陆地与海洋表面以服务于国民经济各部门；做一些与轨道复合体的单个系统和整个复合体的作用有关的技术检验等。其中许多项目是由波兰和苏联科学家共同制订的。这些研究和实验规定要在七天内完成。赫尔马舍夫斯基和克利穆克在成功地完成任务以后于7月5日返回地面。

七天太空生活的日程是相当紧张的，但这并没有妨碍赫尔马舍夫斯基去欣赏奇异、瑰丽的太空景色。

他说："飞船飞入太空以后，周围一片漆黑。一个明亮的大圆盘悬在黑暗之中，这就是我们的地球。我第一次亲眼看到我们居住的大地是个大圆球。"

他告诉我们，从太空中看，地球的自然景观是十分美丽的。圆球被一圈窄窄的淡蓝色的光晕包围，这就是地球周围薄薄的大气层。地球上各个部位呈现出不同的颜色。他首先来到非洲上空，宽阔的维多利亚湖，位于非洲之角的索马里，嵌入陆地的海湾，轮廓明显，同地图上画的完全一样。他沿着太平洋上空从北往南经新几内亚、澳大利亚向南美洲飞去，海洋和大陆的分界看得很清楚。他甚至清楚地看见了太平洋南部的岛屿群。

赫尔马舍夫斯基说，他在太空待了7天，却经历了100多个昼夜。因为宇宙飞船每90分钟绕地球一圈。因而他每90分钟看见一次日出和日落，度过一个白昼和黑夜。这就是说，他一天度过了16个昼夜。

他刚刚还在铺满皑皑白雪的遥远北方上空，几十分钟后飞船下面已是赤道附近葱茏的大地，真是四季交替只在顷刻间。刚刚还在非洲大陆上空，转眼苏联就来到飞船下面。刹那之间，多少世纪的文明，各种不同政治制度的国度从眼前闪现而过。他说："看到这些情景，我心情十分复杂。我深深感到，地球太小了。生活在这样一个小小的地球上，人们是应该友好相处的。"

我们告诉赫尔马舍夫斯基："虽然我们是初次见面，但我们同许多中国人一样，早就知道你了。我们曾写过有关你的宇航事迹的报道，向中国读者做介绍。今天能见到你，十分高兴。"

他告诉我们，他知道中国很久很久以前就有人幻想飞向太空，中国有悠久的飞行历史。中国的宇航事业发展很快，现在已经有了自己的火箭，发射了自己的卫星。他非常希望中国也能有自己的宇航员上天，加入国际宇航员大家庭中。他说："美籍华人宇航员王赣骏是我的好朋友。他飞行归来后，有一次在有各国宇航员参加的宴会上发表讲话，他没有使用他娴熟的而在座许多人也都懂的英语，而是用中国话讲。虽然我们谁也听不懂他讲的是什么，但是我们都热烈地为他鼓掌。"

他说："今天能有机会见到中国朋友，我也非常愉快。"他告诉我们，在宇航中他多次飞临中国上空。他远远看到了白雪覆盖的喜马拉雅山脉，像一条白色玉带镶嵌在大地上，使他一眼就认出了西藏高原。西藏高原呈古铜色，接着他就看到了中国西北地区广阔无垠的黄色大地。中国的北方是灰色的，而南方则是一片暗绿。他说："我很早就知道中国的长城,知道伟大的中国。我很想亲眼看看中国。在宇宙飞船上我终于看到了中国。"

中国中学生参与太空科研

如果说,半个多世纪前,世界第一颗人造地球卫星上天,我国中学生对此还十分陌生,有的中学生甚至是第一次听到"人造卫星""太空"这类词儿,今天,我国已有不少中学生参与了与太空有关的一些活动。

中国中学生参与为火星拍摄照片活动

2008年1月26日,参加首届中国"太空少年"活动的16名中学生登上了飞往美国亚利桑那州凤凰城的飞机。他们将参与操控美国"奥德赛号"火星探测器为火星拍照的活动。这些中学生在网上参加了亚利桑那州立大学地球与空间探索学院举办的太阳系以及宇宙探索知识测试,并取得了优异成绩,是从6万多名参赛选手中脱颖而出的。

1月28日,中国"太空少年"在亚利桑那州立大学教授、"奥德赛号"火星探测器的设计者之一菲利普·克里斯滕森带领下,参观火星研究所。菲利普教授为孩子们讲解了火星探测器工作的原理和选定坐标的流程。然后中国孩子们与来自当地的7名中学生、大学生被分成两人一组,共同选定要拍摄的火星坐标,每组可以拍摄两张火星照片。"太空少年"先在火星全图上定位拍摄地点,然后操控美国"奥德赛号"火星探测器,为火星拍摄 25 张照片,这些照片全部集中在火星的大峡谷区域。1 月 30 日,"奥德赛号"火星探测器按照指令对孩子们所选中的区域进行了拍摄,几天后传回了照片。据说,这是"奥德赛号"火星探测器对这些区域的第一次高清晰度拍摄。

中国"太空少年"在这次从 1 月 26 日到 2 月 5 日为期 9 天的活动中,除了听到知名教授的讲解、亲自为火星拍照外,还参观了美国大峡谷、陨石坑和洛厄尔天文台等。

中国中学生在美国航天飞机上的 6 项科研实验

美国航天飞机除主载荷外,还有剩余运力。航天飞机上的货舱装不满时就可以搭载一些实验设备。当年美国宇航局允许一些国家花少量经费,做搭载桶实验。中国中学生有 6 个科研实验方案登上太空。

中国中学生 1992 年 1 月、1994 年 9 月,先后两届分别在美国"发现号"和"哥伦比亚号"航天飞机上进行了 5 个项目的搭载科学实验。由美国促进中国科普协会与中国宇航学会联合举办的中国青少年航天飞机科学实验活动,首先从全国中学生中征集方案,经过严格评选,第一届从 7000 个方案中评出 2 个方案;第二届从 10000 个方案中评出 3 个方案(其中包括香港 1 个)。所有方案的装置由中国空间技术研究院 511 所研制。实验的内容是,在太空微重力条件下,完成航天飞机内垃圾控制、伍德合金和石蜡混合、水油滴混合、金属表面焊接、草履虫生成实验。其中 4 个项目都取得很好结果,只有草履虫实验由于电池工作寿命限制没能获得成功。

后来,参与这 5 个项目实验的学生在中学毕业后,都免试进入北京航空航天大学和哈尔滨工业大学学习，有的学生毕业后已投身中国航天事业。

北京景山学校学生在中国卫星上的养蚕实验

2005年5月，北京景山学校与航天五院501所合作在中国返回式卫星上进行搭载"青少年太空生物舱"实验，内容是为期28天的"蚕在太空中吐丝结茧"实验。

"蚕在太空中吐丝结茧"实验项目，最先是1997年美国向全世界小朋友征集的航天飞机搭载实验方案。北京景山学校四年级学生李桃桃提出的"蚕在太空环境下吐丝结茧"实验方案一举中标。2003年1月16日，美国发射"哥伦比亚号"，开始为期16天的太空工作。中国蚕宝宝搭载"哥伦比亚号"一起上天。1月30日，景山学校"蚕在太空吐丝结茧"实验组接到了一份由美国宇航中心转发的、由"哥伦比亚号"印度裔女宇航员卡尔帕纳·楚拉在当天向地面发回的有关他们试验项目情况的电子邮件。蚕升空不久就移动到食物槽附近，牢牢抓住箱壁，进食只需稍稍探头。太空飞行第6天，已经有一个蚕顺利结茧；此时，"只差产卵，蚕就在太空完成了一个生命循环"。不幸的是，2月1日"哥伦比亚号"航天飞机失事，这一试验也功亏一篑。

事故发生后，媒体纷纷呼吁由中国航天部门来完成孩子们的愿望。

2004年5月，航天五院501所老科学工作者协会与北京景山学校签署了合作进行"青少年太空生物实验"备忘录。根据协议，景山学校的学生负责蚕宝宝的饲养，提供搭载升空的样品和地面对比试验的样品，协助太空试验舱的研制等；航天五院501所老科学工作者协会负责试验方案的设计、搭载升空及其有关的技术工作。李桃桃毕业后，去美国念书了。"青少年太空生物试验"课题组聘请中国空间技术研究院、航天医学工程研究所的专家指导，由物理、化学、生物老师和学生中的科技积极分子参加，补充完善了李桃桃留下的"蚕在太空中吐丝结茧"实验。

2005年8月29日，此项实验的蚕宝宝，搭乘我国第22颗返回式卫星上天，历经18天太空飞行后返回地面。9月19日"太空蚕宝宝"在北京航天城"走"出卫星返回舱。这项实验的目的主要是研究蚕卵、蚕的幼虫和成虫等在太空失重环境下所发生的一系列生理循环现象。"太空蚕宝宝"返回后，同学们还将对太空蚕和地面饲养的蚕的大小、蚕丝韧性和色泽进行比较，研究太空环境对改善蚕丝品质的可能性。如果在太空中生长的蚕结茧更大，成色更好，也许会形成一种新的蚕种。专家指出，我国是蚕的故乡，有5000多年的养蚕历史，这次实验不仅对更好地开发蚕资源、帮助农民增加收入等具有重要意义，而且对启迪青少年的科学思维，培养他们崇尚科学、追求真理的科学精神具有重要作用。

中国中学生与国际空间站宇航员对话

2007年8月26日，20名中国中学生在南京第三高级中学，通过业余无线电台与国际空间站上的美国宇航员克莱顿·安德森进行了对话。整个对话过程持续9分44秒，20名中国学生提出20个问题，并得到了宇航员的即时回答。这是中国中学生（含港澳台地区）第一次通过学校业余电台与国际空间站宇航员实现直接通话。

下面是中国中学生和国际空间站宇航员之间谈到的部分问题。问答都用英文,此处是中文译文。

问:你能从空间站看到中国的长城吗?

答:我现在还没看到长城,但是我正在寻找,希望知道在哪儿可以看到。

问:在空间站工作是否会出汗? 如果有,如何处理?

答:是的,在太空我们会流汗。因为太空没有重力,所以我们必须用毛巾把汗擦去。

问:你们怎样处理空间站产生的垃圾?

答:我们把垃圾放在罐子里,再把这些罐子放在俄罗斯的"进步号"货运飞船上,通过货运飞船释放到太空中。当垃圾罐落到地球大气层内时,它会自动燃烧。

问:国际空间站里非常安静吗?

答:不,国际空间站很吵。所有的风扇和水泵都发出噪音以至于我们需要戴耳机。

问:在国际空间站里,植物会向什么方向生长?

答:5天前我开始种植物,但是还没有见到它们。我相信它们会向着光的方向生长。

问:请问空间站里有机器人吗?

答:是的,我们拥有产于加拿大的机械手。

问:如果你们在空间站生病会如何处理?

答:幸运的是,我们舱内有医生奥莱格博士,他是个非常好的医生。

问:如果和地面失去联系,你们怎样回到地球?

答：有可能与地面失去联系。我们通过俄罗斯的"联盟号"飞船回到地球。

问：你在空间站用肉眼看到过太空垃圾吗？

答：我曾看见附近有东西在不停地旋转，但是很小，不能确定是什么。

问：我们的地球看起来和以前有什么不同？

答：我们看到有很多火在燃烧，也看到有云、雪和高山。但对我来说，没有什么不同。

问：空间站里使用的哪个时间？

答：格林尼治时间。

问：在太空行走是什么感觉？

答：很酷，很美，我确实很喜欢太空行走。

问：在空间站看星星，是什么样的？

答：星星不再像地球上看来那样闪烁。因为没有大气层，没有污染，所以星星显得更清晰。

我国中小学生将进行更多的太空实验

中国载人航天工程应用系统一位负责人 2005 年 12 月 15 日在南京一次学生见面会上说，我国今后一定会充分考虑并积极安排，把同学们自主设计开发的空间试验项目带上太空。

中国航天科技集团公司 2008 年 8 月 29 日宣布，中国第一个专门为青少年打造的小卫星"希望一号"（原称"希望号"奥运星），定于 2009 年发射升空。它的主要任务是，吸引青少年亲身参与有效载荷设计并开展相关科学研究,搭载青少年科学实验方案,建立业余无线电空间通信及进行太空摄影。2009 年 12 月 15 日,"希望一号"卫星被顺利送入预定的太阳轨道。

"希望一号"卫星搭载方案评选共有 44 项方案入围,其中包括北京景山学校小学一年级女生刘重华提出的"天圆地方"五色土搭载实验方案,景山学校提交的"无菌蝇蛹在太空中的羽化试验"方案,湖南省常德市长怡中学提交的"太空环境中水在各种温度下的状态以及部分基于水的实验"方案和珠海市第二中学提交的"失重对含羞草运动现象的影响"方案等。

为此,中国科协、北京奥组委和中国宇航学会于 2008 年 5 月启动了"科技奥运梦想航天——全国青少年航天科技体验"活动,面向全国 32 个省、自治区、直辖市的青少年征集奥运星搭载方案,共征集到 105 个方案。方案设计者既有高中生,也有小学一年级学生。方案涉及物理、化学、材料、生物、植物甚至创作歌曲等各个方面,其中很大一部分适合在返回式卫星、飞船和空间站等搭载实验。

多少人进入过太空

从人类诞生以来,太空对人类一直是可望而不可即的禁区。人们多么想进入这个禁区去看个究竟啊!加加林 1961 年第一次闯进了这个禁区。随后,就出现了人们前赴后继进军太空的浪潮。

你想知道迄今已有多少人进入过太空吗?

从 1961 年 4 月至今,已有 500 多名宇航员进入太空。

要进入太空,必须要有相应的交通工具——载人宇宙飞船。为此,一些国家纷纷研制并不断改进载人宇宙飞船。

苏联最早研制成的载人飞船系列是"东方号"。世界上第一艘载人飞船"东方 1 号"于 1961 年 4 月发射。到 1963 年 6 月,"东方号"载人宇宙飞船共发射了 6 艘。

随后,苏联在"东方号"的基础上,改装出"上升号"飞船。"上升号"飞船可乘坐 3 人。"上升号"一共只发射了 2 艘。1964 年 10 月 12 日,"上升 1 号"发射。1965 年 3 月 18 日,"上升 2 号"发射。

"联盟号"拥有"联盟 T"和"联盟 TM"等多个改进型号,技术越来越完善。"联盟号"能载 3 名航天员,具有轨道机动、交会和对接能力,可为空间站接送航天员,又能在对接后与空间站一起飞行,是重要的天地往返运输系统。从 1967 年 4 月至 1981 年 5 月,苏联共发射了 40 艘"联盟号"飞船。

继苏联之后,美国也研制和发射了三代载人飞船,它们是"水星号""双子星座号"和"阿波罗号"。1959 年 9 月到 1961 年 4 月,美国共进行了 7 次"水星"无人飞船试验,其中失败 3 次,成功 4 次。

1961 年 5 月 5 日,美国航天员艾伦·谢泼德驾驶美国"水星"飞船进行首次载人亚轨道飞行。

1962 年 2 月 20 日,美国航天员约翰·格伦乘载人飞船"水星 6 号",绕地球飞行 3 圈,历时 4 小时 55 分 23 秒,成为美国第一个进入地球轨道的人。

从 1961 年左右开始的美国"阿波罗"计划,是人类第一个登月工程,其目的是把人送上月球。1968年圣诞节期间,"阿波罗8号"进入了月球轨道,首次实现载人环绕月球飞行。

1972年12月,发射"阿波罗"计划最后一艘飞船"阿波罗17号"。

中国2003年发射的"神舟五号"飞船,是人类第241次太空飞行。

2008年4月,韩国首位女宇航员李素妍和两名俄罗斯宇航员搭乘俄罗斯"联盟TMA-12号"载人飞船飞赴国际空间站。他们成为第473~475位进入太空的宇航员,李素妍则是进入太空的第49位女宇航员。

太空航行的"半边天"

世界上第一位女宇航员是苏联的瓦莲金娜·捷列什科娃。她1963年乘宇宙飞船上天。20年后,美国成为第二个有女宇航员上天的国家。1983年6月,萨莉·赖德成为美国首位进入太空的女宇航员。2008年4月上天的韩国李素妍,是韩国第一位,也是第49位进入太空的女宇航员。这些曾进入太空的女宇航员的经历表明,妇女像男人一样,可以经受住太空的严峻条件,在太空中很好地生活和工作。

世界上第一位女宇航员

世界上第一位女宇航员捷列什科娃1963年26岁时进入太空。

捷列什科娃1937年3月6日出生于苏联雅罗斯拉夫尔州马斯连尼科瓦村的一个工人家庭。她的父亲弗拉基米尔是一位拖拉机手,母亲叶莲娜是纺织女工。她17岁就进入了伏尔加河上游的俄罗斯古城雅罗斯拉夫尔一家轮胎厂当工人。次年她转到母亲工作的红渠纺织厂当粗纺女工,还担任了厂共青团的书记。1960年,她读完了雅罗斯拉夫尔纺织技术专科学校,获得纺织工艺师称号。

她从小就向往蓝天,希望自己有朝一日能飞上云霄。1959年,她开始在雅罗斯拉夫尔航空俱乐部从事跳伞运动,之后被选入宇宙航行学校学习。1961年4月12日,人类第一次闯开了太空的大门,苏联宇航员加加林乘坐"东方1号"宇宙飞船完成了世界上第一次环绕地球的宇宙飞行。捷列什科娃听到这个消息十分激动,真想马上也冲入太空。1962年年底她终于在宇宙航行学校获得少尉军衔,这一年,她加入了苏共。

多年来梦寐以求的日子到了。1963年6月16日,捷列什科娃单独驾驶"东方6号"宇宙飞船飞入了太空,同"东方5号"宇宙飞船进行了编队飞行。她在太空中一共飞行了70小时40分钟49秒,围绕地球飞行了48圈,航行约200万千米,成为人类第一位进入太空的女性。6月19日,她平安地回到地面。这一年8月,她同"东方3号"宇宙飞船的驾驶员安·格·尼古拉耶夫结婚,组成了世界上第一个"太空人家庭"。他们生了一个女儿取名叶莲娜。几年后,两人因为性格不合离婚。后来,捷列什科娃同创伤和矫形研究所所长尤里·沙波什尼科夫组成新的家庭。

捷列什科娃从1966年起,连续当选为苏联最高苏维埃代表。她1969年从军事工程学院毕业,1971年4月苏共二十四大起当选为党中央委员,1979年起担任了苏联最高苏维埃主席团委员。1968年以来,她还被选为苏联妇女委员会主席。她获得了"苏联英雄"称号、齐奥尔科夫斯基奖章,先后两次被授予列宁勋章,是俄罗斯唯一一位获得航空少将军衔的女性。1969年起,她一度出任国际民主妇联副主席,还荣获世界许多国家授予的高级奖章,获得过联合国和平金奖等,是世界上十几个城市的荣誉市民。月球背面的一座环形山以她的名字命名。

捷列什科娃对中国怀有深厚感情。1995年9月,她作为特邀嘉宾参加了在北京举行的第四届世界妇女大会。我国"神舟五号"飞船成功发射后,捷列什科娃来中国参观了中国科技馆和中国航天员科研训练中心。谈到中国计划选拔女航天员时,捷列什科娃说:"我知道中国有'妇女能顶半边天'的说法。我充分相信,在不久的将来,太空将迎来美丽的中国姑娘。"她说:"中国女航天员做好地面的训练至关重要……太空不会优待妇女,她们的工作条件与男性完全一样。"2008年4月5日,北京奥运"祥云"火炬在俄罗斯圣彼得堡传递时,已经71岁的捷列什科娃也是一位火炬手。

世界上第二名航行太空的女性也是苏联人,她叫斯韦特兰娜·萨维茨卡娅,是在捷列什科娃上天以后19年才进入太空的。她比捷列什科娃小11岁,但上天时的年龄为34岁,比捷列什科娃上天时大8岁。

美国第一名女宇航员

美国第一名女宇航员萨莉·赖德是世界上第三名航行太空的女性。她是1983年6月乘坐美国航天飞机"挑战者号"上天的。

赖德出生于美国加利福尼亚州恩西诺市,上天时32岁。1973年她 22 岁时在斯坦福大学获得英语和物理学两个硕士学位。1977 年,她在斯坦福大学学报上看到美国国家航空和航天局招收宇航员的消息,决定报名应试。在 8000 报名者中录取了 35 名,赖德是其中之一。她开始接受航天飞行训练,主要课程项目有天文学、数学、制导系统、导航和计算机软件等。1978 年,她获得了天体物理学博士学位。赖德从小就喜爱体育,曾经获得国家级运动员称号。

赖德从太空返回后,也组成了"太空人家庭"。她在 1982 年 7 月同宇航员史蒂文·霍利结婚。共同的征服太空的理想,给他们的家庭增添了特殊的情趣。

赖德在上天之前,已同美国公众广泛见过面。1981 年 10 月和 1982 年 3 月在世界上第一架航天飞机"哥伦比亚号"第二、三次进入太空时,她担任联络员,负责在地面向在太空飞行的航天飞机传达控制中心指令。她同航天飞机之间的通话情况通过广播电视作了实况转播。观众通过电视亲眼看到,赖德在完成这项工作时沉着机智,做事有条不紊。看来,她被选中为美国第一名上天的女宇航员不是偶然的。

1983 年 6 月 18 日,赖德参加"挑战者号"航天飞机第二次飞行,进入了太空。这是美国的第七次航天飞机飞行。此次航行乘员组一共有五人,是世界上第一次五人同乘一架航天器上天。其中有一位指令长、一位驾驶员和三位执行实验任务的专家。赖德就是其中的一名专家,她的职务是随船工程师,她是这五人中唯一的妇女。

赖德在太空中从事了多项科研工作。她和宇航员费比恩一起负责操纵航天飞机上 15.24 米长的机械臂,把一颗联邦德国试验卫星送入太空自由飞行。"挑战者号"驶离卫星 300 米,九个半小时以后再被机械手抓住,带回地面。这是世界上第一次进行这项实验。为此,她和费比恩在地面模拟条件下练习了 100 多次用机械手捕捉卫星的操作,她和费比恩还放出了两颗商用通信卫星,一颗是加拿大电视广播公司的,另一颗是印度尼西亚的。此外,作为随船工程师,她在航天飞机发射和着陆期间还负责监测仪器,帮助指令长克里平和驾驶员豪克工作,使航天飞机第一次实现在发射基地跑道上着陆。

在经过六天太空飞行以后,她和其他四名宇航员于 6 月 24 日安全返回地面。

赖德的太空飞行又一次证明,妇女不仅可以进入太空,而且工作丝毫不比男性宇航员逊色。

韩国女宇航员李素妍

韩国首位宇航员李素妍 2008 年 4 月 8 日与两位俄罗斯宇航员谢尔盖·沃尔科夫和奥列格·科诺年科搭乘俄罗斯"联盟 TMA-12 号"载人飞船飞赴国际空间站。女宇航员李素妍的太空之旅使韩国成为世界上第 35 个、亚洲第六个将宇航员送入太空的国家。

李素妍首次太空之旅时 30 岁,拥有生物学博士学位。她是从韩国 3 万多名志愿者中挑选出来的。李素妍和沃尔科夫、科诺年科从 3 月 17 日开始,与另外三名预备宇航员在俄宇航员培训中心参加了升空前测试。测试在国际空间站俄罗斯舱段等仿真模型内进行,测试模拟了从飞船升空到返回地面的操作、检修空间站设备和医疗救治等内容。测试分数按他们操作中出现的失误累计,如果累计分数不超过 20 分,成绩将被定为"优秀"。李素妍等三人都获得了"优秀"成绩,取得4月份飞赴国际空间站的资格。

李素妍这次太空之旅的工作计划包括18项涉及生物、化学、物理等领域的实验任务。她还为本国青少年拍摄视频短片,为他们讲解宇航员在失重状态下的生活。

沃尔科夫和科诺年科也是首次进行太空之旅,两人成为国际空间站第17长期考察组成员,取代国际空间站第16长期考察组成员美国宇航员、女指令长佩吉·惠特森和俄罗斯宇航员、飞行工程师尤里·马连琴科。李素妍和惠特森、马连琴科一起搭乘"联盟TMA-12号"载人飞船于4月19日返回地面。

根据韩国与俄罗斯政府签署的协议,韩国向俄罗斯支付至少2100万美元的训练和航天费用,以完成李素妍的升空计划。

李素妍爱好体育,是跆拳道三段,还喜爱游泳和晨跑、篮球等运动。她宇航归来,4月21日在莫斯科郊外的加加林宇宙中心举行的记者会上说:"我想去看北京奥运会。"

九、为太空事业献身的宇航员们

22 位宇航员在太空航行中献出生命

宇航是伟大壮丽的事业,但也是充满艰险的事业,它需要人们前仆后继地为之奋斗,乃至献出宝贵的生命。宇航员们明知山有虎,偏向虎山行,英雄事迹催人泪下,催人奋进。

到 2003 年美国"哥伦比亚号"7 名宇航员遇难时为止,在人类载人宇航活动中遇难的人数已经达到 22 人。

其他 15 人是:

1961 年 3 月,苏联邦达连科在宇宙飞船地面模拟训练时遇难。

1967 年 1 月,美国进行"阿波罗 1 号"载人登月飞船地面联合模拟飞行试验,3 名宇航员被烧死在舱内。

1967 年 4 月,苏联宇航员科马洛夫乘坐"联盟 1 号"宇宙飞船飞入太空后遇难,成为世界上第一位在太空中献身的宇航员。

1971 年 6 月,苏联 3 名宇航员乘"联盟 11 号"宇宙飞船上天,返回途中遇难。

1986 年 1 月,美国"挑战者号"航天飞机升空 73 秒后爆炸,舱内 7 名宇航员遇难。

美国"哥伦比亚号"航天飞机 7 名宇航员遇难

2003 年 2 月 1 日,美国"哥伦比亚号"航天飞机失事,7 名宇航员全部遇难。

2003 年 1 月 16 日美国东部时间上午 10 时 39 分,"哥伦比亚号"航天飞机升空。8 分 26 秒后,"哥伦比亚号"到达预定轨道。宇航员们开始了为期 16 天的太空工作。宇航员们两班倒,昼夜不停地工作,他们执行的是近几年来最为复杂的一次太空任务,试验项目多达 80余项。和他们待在一起的有 13 只大老鼠、8 只蜘蛛、5 条蚕宝宝、4 个鱼卵、3 只蜜蜂、15 只蚂蚁和几个盛放蠕虫的罐子。

2 月 1 日"哥伦比亚号"在返航途中爆炸。宇航员舱虽然遭到极大撞击,但它是整个航天飞机主体部件中最后一个解体的。在航天飞机解体前的最后几分钟地面飞行控制中心的对话录音中,航天飞机上一名技术人员说:"飞机左侧的四个温度转换器失灵。"这暗示意外事故的开始。飞行指挥问道:"这些转换器有什么相类似的吗?"

"没有。"机上人员回答另一个问题时显示出这是一个整体故障。航天飞机机组人员在"哥伦比亚号"开始散架前的最后关头,依然试图通过手动驾驶来挽救这艘不幸进入"螺旋状翻滚前进"状态的航天飞机,但一切努力均以失败告终。"哥伦比亚号"左侧机翼最先脱落,然后是尾翼,接着货舱轰然解体。最后,载着7名宇航员的驾驶舱在继续向前飞行了一段时间后,终因承受不住巨大压力而四分五裂,机组人员壮烈牺牲。

遇难的7名宇航员是:机长里克·赫斯本德空军上校,这次是他第二次进入太空;曾任美军试飞员的威廉·麦库尔;黑人宇航员迈克尔·安德森空军中尉,曾于1998年进入俄罗斯"和平号"空间站;曾任美国海军飞机驾驶员和航空军医的戴维·布朗;飞行工程师、20世纪80年代印度女移民卡尔帕纳·楚拉;海军女军医劳雷尔·克拉克;第一位进入太空的以色列宇航员、曾任以色列空军中校和战斗机驾驶员的伊兰·拉蒙。

安德森曾对记者说:"我乐于冒险,因为我觉得我们所做的一切非常重要。"克拉克的弟弟丹尼尔·萨尔顿告诉记者,就在航天飞机返回地球之前,姐姐还给他发了一封电子邮件,说她在航天飞机上的感觉如何好,然而,在15分钟后,一切都消逝在茫茫太空中了。

北京景山中学学生赵辰1月30日还接到了一封卡尔帕纳·楚拉从"哥伦比亚号"航天飞机发来的电子邮件。楚拉在这次太空飞行过程中,负责北京景山学校学生所设计的"蚕在太空吐丝结茧"试验的观察与报告,并用电子邮件讲述了有关试验的内容。

2003年8月,美国宇航局宣布,用这7名宇航员的姓名命名位于火星和木星之间的 7 颗小行星。美国科学家说，希望千百年后人们在仰望太空时，能找到这 7 个"天上的哨兵"，记起"哥伦比亚号"宇航员所作出的牺牲。

人类载人航天活动中第一位遇难的宇航员

1961 年 3 月 23 日，被确定为苏联第一个出征太空的宇航员邦达连科，在宇宙飞船地面模拟训练时，进入充满纯氧的舱室里进行紧张的训练。

苏联宇航局为了准备人类第一次载人太空飞行，从 1960 年 3 月起开始招募宇航员。经过层层筛选，最后只留下几位，其中一位叫邦达连科的宇航员得到了主设计师科罗廖夫的极大赞赏，大家一致认为他当选的可能性最大。

然而，就在为期 10 天的地面训练的最后一天，邦达连科在一个高浓度氧气舱里，用酒精棉球擦完身上固定过传感器的部位后，随手将它扔掉。不料酒精棉球正好掉在一块电极板上，结果舱内燃起大火。邦达连科没能及时逃脱，被严重烧伤，在送往医院 10 小时后，因抢救无效死亡。

就这样，原本可能成为人类第一位进入太空的宇航员的邦达连科，却成为人类载人航天活动中第一位遇难的宇航员。

苏联宇航局不得不再挑选一位优秀的宇航员执行第一次上天的任务。

邦达连科事件让苏联宇航局在挑选宇航员时变得格外挑剔和严格,他们希望挑选出最细心、最有安全防患意识的宇航员。

当带领受训宇航员参观尚未竣工的"东方1号"宇宙飞船时,主设计师科罗廖夫问:"你们有谁愿意试坐?"

一位名叫加加林的年轻人报了名。

在进入飞船前,加加林脱下了鞋子,只穿袜子进入还没有舱门的座舱。加加林的这个举动一下子赢得了科罗廖夫的好感。

最后,苏联宇航局决定让加加林驾驶"东方1号"执行人类第一次载人宇宙飞船太空飞行任务。加加林由此成为世界上第一位进入太空的宇航员。

邦达连科随手乱丢棉球的细节,不仅使他失去了成为人类第一位进入太空的宇航员的千载难逢的机会,而且让他丢掉了宝贵的生命。加加林一个脱靴子进船舱的细节,不仅让自己赢得了他人的赞许,也成就了他的飞天梦想,成为世界上第一位进入太空的宇航员,永载人类宇航史册。

登月先驱"阿波罗1号"宇宙飞船3名宇航员遇难

1967年1月27日上午10时,美国肯尼迪航天中心开始进行"阿波罗1号"载人登月飞船地面联合模拟飞行试验。3名宇航员维吉尔·格里森中校、爱德华·怀特中校和罗杰·查菲少校,要在"土星1B"运载火箭顶端的飞船指令舱内训练。如果这次地面模拟试验成功,这3名宇航员就将乘这艘飞船进入围绕地球的轨道飞行,以考察登月飞行的可行性。

维吉尔·格里森已是宇航"老手",参加过1961年7月的"水星—红石4号"飞船和1965年3月的"双子星座3号"飞船任务,这次担任指令长。爱德华·怀特1965年6月在"双子星座4号"上成为第一位在太空漫步的美国人。只有罗杰·查菲是新手。

格里森深知宇航是有很大风险的,但是他说:"即使我死了,请大家不必大惊小怪,就把它当成一件普通事。因为我们从事的是一种冒险事业,我们希望不要影响整个计划和进程,毕竟,探索太空是值得冒生命危险的。需要人们接受它。"

同正式发射一样,飞船内用100%的氧气加压,所有舱门都将关闭。试验前,工作人员已对安全做过检查。火箭不加注燃料,凡能发现的易燃易爆物均被移开或拆除,试验组织者认为"没有危险",因此在试验现场没有布设专门消防人员、医生和紧急救援人员。18点30分,模拟试验已进行了五个半小时,不祥的现象出现了。18点31分4秒,"火,驾驶舱着火了",格里森在对讲系统里惊叫起来。火从他的座椅下迅速向左侧蔓延,仪表板和储物区都燃烧起来。坐在中间的怀特疯狂地试图打开6个内舱门锁。报警信号灯亮了,警报声也响起来。18点31分30秒,已经无法从外面救援宇航员,3人都大面积烧伤,迅速陷入昏迷,三四分钟后死亡。

3位宇航员献出自己的宝贵生命,换取了血的教训。

事后,经过一系列调查确认,指令舱和整个"阿波罗"系统都忽视了安全性。舱门设计者忽视了地面紧急状况下的逃生可能性,指令舱内有好几种易燃材料,应急救援也准备不足。"阿波罗"系统做出了相应改进。21个月后的1968年10月,载人"阿波罗"飞船任务重新开始。12月,"阿波罗8号"在月球轨道上度过了圣诞节。登月成功后,"阿波罗1号"徽章的复制品被放在月球静海的尘土之中。1971年8月2日,"阿波罗15号"登月时,美国宇航员将格里森等3人的骨灰撒在月面上。

世界上第一位太空飞行时遇难的宇航员科马罗夫

1967年4月23日,苏联宇航员弗拉基米尔·科马罗夫上校乘坐"联盟1号"宇宙飞船进入太空后,飞船屡次出现故障。虽然几经努力,但难以修复。在返回地面时,飞船降落伞发生意外,无法打开,致使飞船以超过100米/秒的速度冲向地面,科马罗夫当场被摔死,成为世界上第一位在执行太空飞行任务时献身的宇航员。

在"联盟号"飞行计划里,人类第一位进入太空的宇航员加加林也被确定为"联盟1号"宇宙飞船候选宇航员,是科马罗夫的候补宇航员。科马罗夫和加加林是亲密战友。据说科马罗夫预见到飞行的危险性,但是宁愿自身赴险,而不想把危险推给加加林。有人听到他对加加林说:"如果不是我死,就是你,还是我去吧。"最后,科马罗夫乘坐"联盟1号"进入太空。

4月26日,科马罗夫的葬礼隆重举行,他被安葬在克里姆林宫红墙。

1971 年 8 月 2 日，美国"阿波罗 15 号"宇航员登月时，在月球表面放置了一块金属纪念牌，上面刻着所有为航天事业捐躯的宇航员的名字，其中就有科马罗夫。"阿波罗 15 号"返航时，几乎遭遇到与科马罗夫同样的命运，主降落伞被吹破，宇航员启用了备用伞，才安全着陆，但落点偏离预定位置达 100 千米。

苏联"联盟 11 号"宇宙飞船 3 名宇航员遇难

1971 年 6 月 30 日，苏联"联盟 11 号"宇宙飞船顺利完成进入"礼炮 1 号"空间站的各项任务后，在再入大气层前，实施返回舱和轨道舱分离。这时，连接两舱的分离插头分离后，返回舱的压力阀门被震开，返回舱内的空气从震开的压力阀门泄漏，舱内气压急剧下降，返回舱内的 3 名宇航员因急性缺氧、体液沸腾而死亡。

1971 年 6 月 6 日，"联盟 11 号"宇宙飞船从苏联拜科努尔航天发射场升空。飞船载有 3 名宇航员：指令长格奥尔基·多勃罗沃尔斯基、随船工程师(飞行任务专家)弗拉季斯拉夫·沃尔科夫和维克多·帕查耶夫。飞船进入太空与世界第一座空间站"礼炮 1 号"对接成功，3 名宇航员进入了空间站。他们在空间站停留、工作了创纪录的 23 天 18 小时，开展了地球地质、电磁辐射和医学生物学等方面的太空研究活动。

6 月，莫斯科电视台每天都有"礼炮 1 号"和"联盟 11 号"的消息，反复报道 3 名宇航员在太空的活动。

6月29日21时，宇航员离开"礼炮1号"，乘"联盟11号"宇宙飞船返回，人们兴奋地期待着第一个太空长期生活乘员组的胜利归来。

6月30日，飞船顺利着陆。地面人员无比喜悦地奔向飞船，见到飞船一切完整无损，非常高兴。可是，当打开舱门后，3名宇航员坐在自己的工作位置上，却一动不动，已没有生命的迹象了。舱内整齐地放着宇航员收集到的许多实验资料、电影胶卷、磁带、航行日志、装有生物标本的容器。医生们在现场对宇航员进行了急救，但已回天乏术。

7月1日12点至20点，莫斯科的苏军中央之家举行了全市性的3名宇航员的遗体告别仪式。苏联党、政、军、工、团等代表都送了花圈，包括苏共中央总书记勃列日涅夫在内的16名政治局委员、候补委员和中央书记，到场和死者遗体告别，并与死者家属一起参加守灵。7月1日晚上，3位宇航员的遗体火化。2日下午，莫斯科红场举行了追悼大会，苏共中央政治局委员基里连科主持会议，并致悼词。勃列日涅夫等15名政治局和书记处成员出席了追悼会。会后，苏联领导人勃列日涅夫、波德戈尔内和柯西金亲自抬灵，将骨灰盒放进克里姆林宫红墙内。这3位宇航员被授予"苏联英雄"称号。

这次灾难的原因是飞船设计不合理，座舱非常拥挤，以致返回程序明确规定，宇航员在返回前必须脱掉宇航服。为此，苏联宇航负责人卡曼宁将军被撤职。这是苏联载人航天活动中最为悲惨的一次灾难。

事故又一次推迟了苏联空间站的使用计划，"礼炮1号"此后再没有人进入。指挥中心不得不于发射后175天发出指令，使"礼炮1号"从轨道上下降，坠入太平洋上空大气层烧毁。"联盟号"飞船此后中断飞行 2 年 3 个月。在此期间，苏联科学家改进了 "联盟号" 宇宙飞船安全性能，将乘员从 3 人减为 2 人，规定宇航员在宇宙飞船上升和返回期间都必须穿宇航服，还增加了一套生命保障设备。直到 1973 年 9 月 27 日，苏联才发射 "联盟 12 号" 宇宙飞船。这艘飞船乘载两位宇航员，9 月 29 日顺利返回地面。

美国 "挑战者号" 航天飞机 7 名宇航员遇难

1986 年 1 月 28 日当地时间 11 时 38 分，美国 "挑战者号" 航天飞机一跃而起，直冲云霄。在升空 73 秒后，航天飞机突然发生爆炸，舱内 7 名宇航员（包括一名女教师）全部遇难。这是 "挑战者号" 航天飞机的第 10 次飞行。这次事故造成直接经济损失 12 亿美元，航天飞机停飞近 3 年，成为人类航天史上最严重的一次载人航天事故。

这是美国进行 25 次载人航天飞机飞行中首次发生在空中的大灾难。"挑战者号" 由于右侧助推火箭密封装置出现问题，造成燃料外泄，发生爆炸。

7 名宇航员遇难，使美国举国震惊，人们几乎中断了一切活动，等待着有关这场灾难的详细消息，全国各地降半旗志哀。华盛顿大教堂响起了为死难者哀悼的钟声。里根总统和夫人在白宫内电视机旁观看到爆炸时 "震惊得一语不发"，里根迅即宣布当天为哀悼的纪念日，打电话安抚遇难宇航员的家属，并派布什副总统前往佛罗里达州太空中心慰问死难者家属。1 月 28 日晚上，里根向全国发表电视讲话,对7名宇航员不幸罹难表示哀悼。他把这一事件称为"全国的损失"。

7名遇难宇航员中,有男性,有女性,有黑人,有白人,还有一位美籍日裔,好似种族繁杂的美国社会的缩影。他们同时遇难,在客观上起到了增强民族凝聚力的效果。无论是里根总统,还是平民大众,都把7位宇航员当作民族英雄来悼念。通常灯火辉煌的纽约帝国大厦,当晚灭了灯火,以示哀悼。美国国会议员中断会议,为遇难者默哀。在佛罗里达州大西洋沿岸,当晚约有2万人用手电筒向夜空射出光亮。各地电台连续播放美国国歌。在教堂的追思礼拜上,人们悲痛地唱起圣歌。

1月31日,休斯敦航天中心隆重举行了追悼大会,里根总统出席。这一天,在美国佛罗里达州沿海,一架直升机将一个花圈投入蔚蓝的大海,花圈素洁的菊花底盘上,衬托着七朵殷红的康乃馨,代表三天前"挑战者号"航天飞机爆炸时罹难的7名宇航员。

"挑战者号"上的7名宇航员中,最引人注目的是新罕布什尔州康科德中学社会学女教师克里斯塔·麦考利夫。她这一年37岁,性情豪爽,教绩斐然,家有丈夫和一双儿女。她是第一位来自民间的航天飞机乘员,是从1.1万名报名应征的教师中选出来的。为参加这次飞行,她接受了为期3个月共120小时的宇航训练。

她准备在"挑战者号"飞行进入第四天时,在太空为地面的学生讲两堂课,每堂课15分钟,以此标志航天飞机走向更为实用的阶段。第一节课讲太空实习见闻,介绍每一位宇航员的作用和驾驶舱的设施,第二节讲为什么要进入太空,解释太空飞行的科学、商业和工业价值。麦考利夫还将在空中参加几项科学表演项目,飞行结束后,这些表演的录像将经过剪辑编成电视片，向美国各地中学播放。学生们将会看到失重状态对磁力线、小型机械操作、植物生长和牛顿力学定律的影响。广播公司将通过闭路电视向美国几百万中学生实况转播这两节课。麦考利夫执教的康科德中学，以及她的替补太空教师巴巴拉·摩根任教的麦考尔中学，同"挑战者号"上的太空课堂建立了专用通话线路，届时这两所中学的学生可向这位太空教师提问题。她的父母、丈夫和中学里18位学生专程南下肯尼迪航天中心，观看亲人和老师乘坐"挑战者号"上天的壮观场面。

麦考利夫为能成为第一名太空普通公民感到欣慰和自豪。华盛顿一家保险公司赠给她一张100万美元的人寿保险单，以示对她太空探险精神的褒奖。这次意外事故使麦考利夫的空中课堂计划未能实现，麦考利夫作为一名教师以身殉职。

在美国新罕布什尔州的康科德中学，学生们从电视上看到"挑战者号"载着他们的老师飞向太空时，兴奋得欢呼起来。然而不久，面对"挑战者号"突然爆炸的画面，学生们不禁目瞪口呆，沉寂片刻后，继而失声痛哭起来。

人类航天事业是伟大的事业，尽管"挑战者号"遭受如此重大挫折，人们还是要前仆后继、坚定不移地进行下去。里根总统1月28日晚即表示，美国将继续进行宇宙探索，将有更多的航天飞机和宇航员进入太空。麦考利夫是乘坐航天飞机的第一位普通公民，按照美国的航天计划，第二位普通公民将是一名新闻工作者。当时已有1700名记者、编辑和摄影师提出了申请。爆炸事故发生后，没有一人撤销申请，有几人特地打电话要求下次让他们乘坐航天飞机飞行。

十、半世纪前设想的太空城市

科学家提出建设太空科学城

21世纪前,宇航员乘坐宇宙飞船,已经作了好几次环绕地球的飞行。他们获得了许多在地球上无法得到的科学资料,收获是十分巨大的。可是为了做好飞到别的星球上去的准备,他们得到的科学资料还远远不能满足需要。许许多多关于星际航行的科学问题,必须成百上千的科学工作者到地球外层的空间去做长时期的研究,才能得到解决。可是当时的宇宙飞船还只能容纳一个人,只能环绕地球转几十圈,至多百来圈,在空中停留的时间不过几天,担负不了这样大的任务。

科学家于是提出了一个大胆的建议——在太空中建设科学城。

按照科学家的设想,科学城里要有各种各样的实验室和观测站,可以让成批的科学工作者长期地在那里做各种必要的科学研究。

　　人在地面上建设城市,已经积累了几千年的经验。那么能不能先在地面上建好一座城市,然后用一枚很大很大的多级火箭,把这座城市发射到太空中去,使它成为一颗巨大的人造卫星,环绕着地球不停地转圈子呢?

　　这个主意乍一看挺省事,可惜行不通。要建造一枚大得能发射一座楼房的多级火箭,目前就办不到,更别说发射一座完整的城市了。

　　看来只有一个办法,就是把太空城市的建筑材料和设备,分别用许多枚多级火箭送到太空去,然后在太空中把它们装配起来。

　　在修建太空城市之前,首先应当选择一个合适的城址。辐射带是危险区域,太空城市当然不能设在那里。低于辐射带的空间也不相宜,因为那里还有很稀薄的空气。太空城市受到了空气的阻力,环绕地球运行的速度会慢慢降低,最后会被地球引力拉下来,落进大气层中烧毁。所以太空城市必须建立在辐射带以外的空间,那里的射线比辐射带里弱得多,又没有空气,太空城市就永远不会落到地球上来了。

　　太空城市将用什么材料建造呢?显然不会用砖瓦,也不会用钢筋、水泥。这些东西很笨重,用火箭送上天去太不合算了。而且太空城市是没有重量的,不像地面上的建筑物那样要承受很大的重力,所以也不必要用钢筋、水泥,只要用轻而坚固的合金和塑料来建造就可以了。

　　在装配太空城市的时候,建筑工人是在没有空气的太空中工作的，他们必须像宇航员一样，穿上宇航服。太空没有落脚的地方，他们无法走路，因此得背上一枚小火箭，利用喷气的反作用力在太空中活动。他们焊接金属的时候，也许比在地面上还要方便，因为那里有取之不尽、用之不竭的太阳光，只要用面凸透镜，就可以得到很高的温度。

建筑太空城市的场面一定是很动人的。在一个巨大的金属架旁边，围着许多穿宇航服的人。他们悬在太空中工作，还不时地飞来飞去，真像神话中的天使一样。

对未来太空城市的设想

太空城市是什么样子的呢？科学家提出许许多多的设计方案。现在让我们来看看其中的一个方案吧！

这座城市是一个巨大的空心金属圆环。圆环的中心还有一个大圆球。圆球的一边有一个巨大的像碗一样的东西，另一边有一个像大笊篱一样的东西。圆环不断地在转动，远远看去就像一个滚动着的汽车轮胎。

这个巨大的金属圆环，里面一共分为三层。最外的一层大多是机器房和堆栈。机器完全是自动化的，只要几个值班工程师，就可以控制全城的机器了。中间一层是生活区，有宿舍、餐厅、商店、电影院和邮局。最里边的一层是各种各样的科学实验室，还有种植各种植物的暖房。

圆环的外圈有一个大圆窗口，这是宇宙飞船的停靠站。宇宙飞船进站的时候，正好卡在窗口里，人们上下要经过一道气闸舱，气闸舱有两个气闸门，一个与密封座舱连接，称内闸门；另一个是可通向太空的外闸门。人们从太空城市进入宇宙飞船的时候，先进入气闸舱，把气闸舱通到城内的门关严，然后抽空气。等到气闸舱里的空气抽完了，再把气闸舱通向宇宙飞船的门打开。这样可以使城内的空气一点儿也不损失掉。从宇宙飞船进入太空城市的人们，进入气闸舱以前，也要先把气闸舱的空气抽掉，进来以后再放空气。

圆环中间那个大圆球是"中央大厅"。大礼堂的地板是铁皮做的，人进去之前一定要换上磁性鞋。因为太空城市是把自转所产生的离心力作为重力的。离心力越靠外面越大，越靠里面越小，到了中心就没有了。在外边的圆环里，一切东西都有重量，人也可以站得稳。中央大厅处在城市的中心，那里没有离心力，人也就失去了重量。如果不用磁性鞋把自己固定在地面上，人就很容易飞起来。

大礼堂两边各有一扇大门。一扇门是通到像大碗的东西那里去的。那是一面大凹面镜，用来接收太阳光发电的。另一扇门是通到像大笊篱的东西那里去的。那是向地球发射无线电波用的天线。

上面所说的是一个太空城市的轮廓。为了建造这样的太空城市，人们准备付出巨大的劳动。那么太空城市又将为人类做出一些什么贡献呢？

太空城市有什么用

太空城市是一个非常好的考察站。

地球外面包着很厚的一层空气。我们前面说过，这层空气给地球上的生物造就了舒适的生活环境。可是对于天文研究来说，空气却是令人头痛的障碍。空气使星星的光线发生折射，使星星的形状、大小和颜色发生变化。空气还会吸收一部分光线，使星星的亮度减低，一些比较暗的星星因此变得看不见了。空气还在不断地流动，使得星星的光闪烁不定，模糊不清。

太空城市外面没有空气，看到的星星特别明亮，在那里研究天文就非常方便。即使某些星星的光比地球上能捕到的最暗的星还暗一半，在太空城市里也可以看得很清楚。太空城市的重力很小，因此可以建造非常大的望远镜，这样就可以看到更多的星星，并且看得更清楚。如果在太空城市建造一座能放大一万倍的望远镜，就可以看到月球上直径12米大小的东西，可以看见火星上直径1.5千米大小的东西。火星上究竟有没有城市，这样大的望远镜就可以看得清清楚楚了。

星星不仅发出光线，还发出无线电波。许多光线很暗的星星，望远镜看不见，无线电接收机却能接收到它们的电波。我们通过这些电波也可以了解星星的许多情况。可是地球上的大气层会妨碍电波的传播，某些波长的电波根本就通不过大气层。如果我们在太空城市装上无线电接收机，就可以收到更多的星星发出的无线电波。

 少儿科普名人名著书系

在太空城市里不仅可以更好地观测星星,还可以更好地观测地球。

过去,科学家只知道地球略略有些扁,南北极同地球中心的距离,比赤道同地球中心的距离小一些。近几年科学家又发现地球不完全是扁的,而有点像梨子或心脏那样,北极比南极稍稍向外凸出。从太空城市可以观察到地球确切的形状。

地球引力的大小,并不是到处都一样。在蕴藏着大量矿物的部分,引力的大小就会有变化。太空城市在环绕地球的运动中,人们可以观测出地球各部分引力的变化,确定哪里蕴藏着哪些矿物。

太空城市对天气预报也很有用处。目前短期的天气预报已经比较精确,中期和长期的天气预报要做到精确还很困难。这是因为气象站大多设在人烟比较稠密的地区,在占地球表面十分之七的海洋上,在南极大陆、广大的沙漠地区和高山上,气象站很少,所以仅靠这些气象站,人们不能掌握地球的全部气象资料。在太空城市里,可以观察地球上的全部气象情况,因此就能编制长期的天气预报,并且使预报更加准确。

在太空城市还可以建立电视转播站。电视台和广播电台的信息都是靠无线电波传送的。地球大气高层中有一个电离层,它可以反射波长比较长的无线电波。波长比较长的电波在地面与电离层之间来回反射,就可以传播到较远的地方。广播电台使用的就是波长比较长的电波。而电视台使用的是波长比较短的无线电波,这种电波会穿过电离层,不会被电离层反射回地面,因此所能传播的距离很短。过去,人们为了使电视台的信息能传播得远一些,采取了“站得高,看得远”的办法,建造高高的电视塔用来转发电视台的信息。但电视塔转播的距离也是有一定限度的,转发的电波只能送达附近几十千米,至多一二百千米的地方。如果在太空城市建立电视转播站,可以把电视台发出的电波送到太空城市去,再由太空城市转发回地球来。这样一来,差不多半个地球都可以收到这个电视台的广播了。

后来科学家又设想,在赤道上空36000千米高处,设立三个转播电视的卫星,使它们彼此的距离相等,它们正好都是每24小时环绕地球转一圈。它们环绕地球转一圈,地球也正好自转一次,那么它们就好像永远不动地固定在地球的某一个地点的上空,因此它们又被称作"静止卫星"。有了这三个卫星的转播,地球上电视台的电视节目,就可以在全地球接收到。那时候,人们还可以利用无线电转播站传递电话,在各大洲装上直接拨号码的自动电话机,打洲际电话就像打市内电话一样方便了。

我们还可以在太空城市建设太阳能电站。太空城市既没有黑夜,也没有阴天,接收到的太阳光比地球上强烈得多,因此是建造太阳能发电站最理想的地方。现在科学家正在研究不用电线的输电方法。如果这个问题解决了,就可以把太空城市的电输送到地球上来。

太空城市是很好的实验室,那里有许多地球上不容易创造的实验条件。太空城市外面的空间是真空的,这样的真空在地球的实验室里就很难办到。太空城市背着太阳的一面,经常在-200℃以下,这样的低温在地球上的实验室里也要费很大的劲才能造成。在这些条件下进行物理实验和化学实验,也许会获得许多意想不到的重大发现。

在太空城市里,植物可能都大得出奇。番茄可能长成了小树,上面长着蒲扇大的绿叶,挂着西瓜般大小的红透的果实。大葱可能长得像芭蕉树那么高，黄瓜可能有好几米长。这是因为那里没有地球引力，植物长起来特别省劲，并且接收到的阳光也比在地球上充足得多。这些植物不种植在泥土上，而是种植在金属网上，它们的根扎在金属网下面的水池里，水池里有最适合植物生长需要的营养液。

太空城市还可以做星际航行的中继站。飞往月球的载人宇宙飞船如果从地球上起飞，至少要达到 11.1 千米／秒的速度。太空城市环绕着地球转圈子，它的速度至少有 7.9 千米／秒。宇宙飞船从这里起飞，速度只要达到 3 千米／秒多一点儿，就足够飞往月球了。

至于飞往金星、火星等行星的载人宇宙飞船，由于路程遥远，需要携带更多燃料和宇航员的生活必需品，更应当把太空城市作为发射基地了。

在太空城市，还可以建立宇宙飞船的装配厂。在地球上建造巨大的宇宙飞船有一个很大的困难，就是飞船太重了，下面的支架承受不住。在太空城市里，一切东西几乎都没有重量，宇宙飞船要造多大就可以造多大，只要从地球上把零件发射到那里去装配就可以了。

你看，太空城市不但可以给科学工作者提供星际空间基地，还给宇航员飞向别的星球去提供良好的条件。

让我们预祝科学家们的设想能早日实现。

十一、太空城市已向我们走来

第一批太空站

1971 年 4 月 19 日,苏联发射了第一座太空站"礼炮 1 号"。这是人类建成的第一座太空站。从此载人太空飞行进入了一个新阶段。

太空站,又称"空间站""航天站""轨道站",是一种可供多名宇航员长期工作和居住的、环绕地球长期运行的大型载人航天器。它能与宇宙飞船或航天飞机对接,以便补充给养、更换仪器设备和让宇航员轮班换乘。

"礼炮 1 号"太空站由轨道舱、服务舱和对接舱组成,呈不规则的圆柱形,总长约 14 米,最大直径 4 米左右,总重约 18 吨。它在 300～400 千米高的轨道上运行。站上装有各种试验设备。它与"联盟号"

载人飞船对接组成居住舱,容积约 100 立方米,可以住 6 名宇航员。

"礼炮 1 号"太空站在太空运行了 6 个月。1971 年 4 月和 6 月,"联盟 10 号"和"联盟 11 号"飞船先后与"礼炮 1 号"太空站对接组成轨道联合体。"联盟 10 号"因飞船闸门失灵,3 名宇航员未能进入站内。"联盟 11 号"的 3 名宇航员进站生活工作近 24 天,完成了大量的科学实验项目,但这 3 名航天员乘"联盟 11 号"飞船返回地球过程中,由于座舱漏气减压,不幸全部遇难。"礼炮 1 号"于 1971 年 10 月 11 日在太平洋上空坠毁。

"礼炮 2 号"太空站 1973 年 4 月 3 日发射,入轨后发生故障,因此切断电源,失去控制,20 多天后自行解体。

苏联发射的"礼炮"3、4、5 号太空站都获得成功。

它们每个重约 19 吨,长 16 米,只有一个对接口,可以同"联盟号"载人飞船对接。由过渡舱(又称对接舱)、工作舱(又称轨道舱)和服务舱组成。

过渡舱是密封舱,除用于对接"联盟号"载人飞船和供宇航员进出外,还可进行科学观测和实验,也备有睡袋,供宇航员休息。此外还安装有导航仪器等设备。

工作舱是密封舱,它的前段与过渡舱连接,装有科学实验设备、观测装置、通信设备和仪表板;后段与服务舱连接,装有食物冰箱、体育锻炼器材、睡袋和废物抛弃气闸等。

服务舱不密封,装有轨道控制和姿态控制发动机及燃料容器,它们用于太空站的轨道和姿态调整,以及同载人飞船对接前的轨道机动和会合。

"礼炮"3、4、5号宇航员完成了多项科学实验。"礼炮"1到5号太空站被认为是第一代太空站。

"礼炮"6、7号太空站相对大一些。它们的对接口增加到两个,可分别与载人和载货用的飞船进行对接。它们被认为是第二代太空站。

"礼炮6号"太空站1977年9月29日发射上天,在太空飞行近5年,一共接待了18艘"联盟号"和"联盟T号"载人飞船。有16批33名宇航员到站上工作,累计载人飞行676天。宇航员波波夫和柳明1980年创造了在太空站飞行185天的纪录。

1982年4月19日"礼炮7号"太空站进入轨道飞行,先后接待了"联盟T号"飞船的11批28名宇航员,其中包括第一位进行太空行走的女宇航员萨维茨卡娅。3名宇航员基齐姆、索洛维耶夫和阿季科夫1984年在太空站创造了飞行237天的纪录。"礼炮7号"太空站载人飞行累计达到800多天,直到1986年8月才停止载人飞行。

美国"天空实验室"太空站

美国的第一个太空站"天空实验室"于1973年5月14日发射到近地太空轨道,在430千米高的近圆空间轨道上运行。它由"土星5号"火箭最后一级改装而成。"天空实验室"全长35米,最大直径7米,总重约77.5吨,由轨道舱、过渡舱和对接舱组成,可提供360立方米的工作场所。

"天空实验室"太空站的成果也是很显著的。它是第一个实际投入长期使用的空间站。1973年5月25日、7月28日和11月16日,先后有3艘从地面发射来的"阿波罗号"飞船与它对接。3批9名宇航员先后到站上工作。这9名宇航员在站上分别居留28天、59天和84天。84天是当时宇航员在站内连续生活时间的最高纪录。宇航员在站内用58种科学仪器进行了270多项生物医学、空间物理、天文观测、资源勘探和工艺技术等实验。他们共拍摄了近30万张太阳照片,数千次观察宇宙中的其他天体,拍摄地球照片近4万张,创造舱外太空行走最长达7小时的纪录,同时也进行了大量医学与空间生命科学实验,研究了人在空间活动的各种现象。

1974年2月第三批宇航员离开太空返回地面后,"天空实验室"被封闭停用。1979年7月11日,它在南印度洋上空坠入大气层烧毁。"天空实验室"太空站在太空存在6年多,运行2249天,航程达14亿多千米。

工作15年的"和平号"太空站

1986年2月20日,苏联发射的"和平号"太空站进入太空。它是集苏联第一代、第二代"礼炮号"系列太空站的经验建造的第三代太空站,也是世界上第一个多舱太空站。

"和平号"太空站由1个主舱和5个实验舱组成。这5个实验舱是用于天文观察的"量子1号"舱,用于观测地面和出入太空的"量子2号"舱,号称"太空工厂"的"晶体"舱,用于大气研究的"光谱"舱和

"自然"舱。主舱还可对接 2 艘载人飞船和 1 艘货运飞船。这个空间站组装完成后是一个总重 115 吨、长达 46 米的庞然大物。它像一座太空列车,绕地球轨道不停地飞驰。有人把它叫作"人造天宫"。

俄罗斯宇航控制中心的"和平号"太空站示意图

它的主舱是 1986 年 2 月苏联用"质子号"火箭送入太空的。自此之后,其他各舱段像积木一样一个一个地接上去。当发射到第三个舱体——"太空工厂"时,正是 1991 年苏联解体的时刻,剩下的两个舱段又拖了近 4 年的时间,于 1995 年和 1996 年才完成组装。这个人造天体整整费了近 10 年时间才建造完毕。

"和平号"的专业舱都有生命保障系统和动力装置,可以独立完成在太空机动飞行。这些专业舱可以进行工艺生产实验、天体物理实验、生物学科研究、医药试制等。这几个舱还可以根据任务需要更换设备,从事另一种新的实验。

"和平号"太空站设计工作寿命是 5 年,它却在太空飞了 15 年。"和平号"在太空运行期间,先后有 12 个国家的 100 多位宇航员登上这座"人造天宫",其中,外国宇航员就有62位。宇航员们进行了天体物理、生物医学、材料工艺试验和地球资源勘测等多项科学研究活动,完成了24个国际性科研计划,进行了1700多项、16500次科学实验,研制产生了600项日后可供工业应用的新技术。

1987年12月29日,宇航员罗曼年科返回地面时,已经在"和平号"上生活了326个昼夜。1988年12月21日从"和平号"上归来的两名宇航员弗拉基米尔·季托夫和穆萨·马纳罗夫,创造了在太空飞行达366天的新纪录。归来之前,12月4日,他们和另外4位宇航员举行了一次太空记者招待会,通过电视屏幕回答了地面记者的问题。当中国记者问季托夫在太空飞行近一年的感想时,他高兴地回答:"苏联宇航员已经积累了长期飞行的经验,证明人是可以长期在太空生活的。我们身体状况很好,如果需要,还可以在太空比原定计划多工作一段时间。"

后来,由于苏联的经济危机及苏联解体后俄罗斯的经济困境,"和平号"太空站资金缺乏,维护欠佳,太空站前后出了约1500次事故。世纪之交,俄罗斯准备放弃"和平号"太空站,让"和平号"的运行轨道逐步降低,一直降到402千米的高度,然后由地面控制中心向它发送最后的指令——进入地球大气层烧毁。没有烧毁的空间站部件将安全地坠入太平洋。

1999年8月28日,俄罗斯宇航员在关闭"和平号"空间站与"联盟号"飞船之间的连接舱以后,"联盟号"脱离了"和平号","和平号"进入"漂流"状态。"和平号"成为一个没有任何实际功能的人造地球卫星。

俄罗斯放弃"和平号"还与美国施加压力有关。1998年，美国开始建造有6个国家参加的"阿尔法"国际空间站，美国和俄罗斯是这个空间站的主力。据此前的协议，俄罗斯必须在1997年11月前制造出国际空间站的工作舱。后来俄罗斯由于资金不足，没能及时完成任务，延误了发射时间，影响了国际空间站的整体进程。美国国会一部分人要把俄罗斯排斥出这项计划，美国政府则表示反对。美国政府需要俄罗斯丰富而宝贵的航天经验，希望让俄罗斯继续参与国际空间站的研造，向俄罗斯施加压力，要求俄罗斯尽快放弃"和平号"，以便把更多的人力、物力和财力集中在国际空间站。

2001年3月23日，"和平号"太空站在南太平洋上空黯然陨落。

国际合作建造世界最大空间站

科学技术正一日千里地蓬勃发展，人们的雄心也越来越大。"和平号"太空站上天后，人们就提出要建更大的太空站。

"自由号"空间站

1981年到1989年，里根担任美国总统期间，正是美国和苏联两个超级大国激烈对抗的"冷战"时期。里根为了同苏联在太空中对抗，提出发展"星球大战"计划。建造"自由号"空间站正是这个计划的一部分。

1991年苏联解体后，俄罗斯已不再对美国构成像当年苏联那样的威胁。1989 年 1 月到 1993 年 1 月老布什出任美国总统期间,"星球大战"计划搁浅,"自由号"空间站计划也被压缩。1993 年,克林顿出任美国总统后,"自由号"空间站的建设一度停止。

但是当时的美国副总统戈尔对建造空间站的计划非常感兴趣。在戈尔的极力主张下,"自由号"空间站的计划设想从一国建造改为多国合作项目——"阿尔法"国际空间站。1993 年 11 月,美国与俄罗斯签署协议,共同建造国际空间站。1998 年 1 月,15 个国家的代表签署了关于建设国际空间站的协议,计划用 9 年时间建成国际空间站,到 2006 年全部建设完毕。参加这个项目的有美国、俄罗斯、日本、加拿大、巴西和欧洲航天局的 11 个成员国(英国、法国、德国、比利时、意大利、芬兰、丹麦、挪威、西班牙、瑞士、瑞典)。

空间站的名称一度也成了问题。"自由号"是当初适应"冷战"时期的名称,不再使用。后来提议用"阿尔法"空间站,也遭到俄罗斯反对。俄方认为"阿尔法"有"第一"的含义,暗示这个空间站是人类历史上第一个空间站,事实上在这以前,已先后有 8 个空间站成功地运行过。俄罗斯提议将空间站命名为"亚特兰大",又遭到美国反对。美方认为"亚特兰大"一词太接近传说中沉没的大陆"亚特兰蒂斯",隐含不祥征兆,而且"亚特兰大"这个名称容易同美国的航天飞机"亚特兰蒂斯号"混淆。最后就用了"国际空间站"这个名称。但国际空间站的无线电呼号仍然是"阿尔法"。这个呼号是空间站第一批宇航员登站时临时采用的,"阿尔法"呼号最后沿用下来,成为空间站的正式电台呼号。

国际空间站——最大空间站

国际空间站经过十几年的探索和多次反复设计，直到俄罗斯参加这项工作，才在1993年完成设计。这是人类宇航史上首次多国合作建造的最大空间站，预计总投资1000多亿美元。到2008年，这个空间站已经度过了它生命的第10个周年。

2000年10月31日，"联盟TM-31号"宇宙飞船从哈萨克斯坦拜科努尔航天发射场升空。乘坐飞船的有3名宇航员，他们是美国人谢泼德、俄罗斯人吉德津科和克里卡廖夫。他们的目的地是正在建设中的"太空城市"——国际空间站。这3位宇航员成为"太空城市"的第一批长住居民。他们在那里逗留到2001年2月，主要任务是让空间站进入正常的工作状态。

国际空间站计划分3个阶段实施。

第一阶段是准备阶段，已于1994年至1997年完成。这期间进行了多次载人航天活动，美国航天飞机与俄罗斯"和平号"太空站进行多次对接，把美国、日本、德国、加拿大等国的宇航员送到"和平号"太空站上，训练他们在空间站生活和工作的能力。与此同时，宇航员在"和平号"开展大量太空科学实验，获得微重力、生命科学、地球资源探测、轨道交会与对接方面的知识和经验。

第二阶段是初期装配阶段，1998年至2001年完成。1998年11月20日，国际空间站的第一个组件"曙光号"功能货舱发射成功，标志着国际空间站正式进入第二阶段。第二个组件美国"团结号"节点舱于1998年12月4日由"奋进号"航天飞机送入轨道，并于12月7日与

"曙光号"对接成功。第二阶段的主要目标是建成一个具有载3人能力的初期空间站。从2000年11月2日到现在,国际空间站上经常保持至少两名宇航员。

第三阶段是最终装配和应用阶段,从2001年到2011年完成。2011年5月,"奋进号"航天飞机将最后一个组件运到太空,航天员通过出舱活动,完成了与空间站的组装,标志着国际空间站最终建成。

建成后的国际空间站

装配完成后的国际空间站长108米,宽88米,大致相当于两个足球场大小,总重量约438吨,是有史以来规模最为庞大、设施最为先进的空间站。

国际空间站有6个实验舱(其中美国1个、欧洲航天局1个、日本1个、俄罗斯3个),1个居住舱,3个节点舱(是连接各舱段的通道和航天员进行舱外活动的出口,还可以用作仓库等),以及平衡系统、供电系统、服务系统和运输系统。国际空间站封闭容积相当于两架波音747飞机的内部空间。居住舱容积为1200立方米,包括卧室、洗手间、厨房和医务室,舱内空气压力相当于地球表面的大气压,宇航员住在里面会感到相当舒适。

负责国际空间站与地面之间运输的是美国的航天飞机、俄罗斯的"联盟号"宇宙飞船和"进步号"宇宙飞船。

建成后的国际空间站开始为期10到15年的永久载人的运行期,成为人类在太空长期逗留的一个前哨,可以说是一个"太空城市"。它可以接受6名宇航员同时在太空工作,最多时可容纳15人在空间站从事科研活动。

空间站运行轨道高度是 397 千米，轨道倾角 51.6 度。环绕地球运行一圈的时间是 92 分钟。这一轨道便于所有国际伙伴的火箭到达，使空间站能够随时获得补给。同时，这个轨道提供了良好的观测视野，可以覆盖地球 85% 的地表，飞过 95% 的人口地带。地面上的人可以用肉眼看到它。夜晚的天空，除月亮和金星外，第三颗最亮的"星星"就是国际空间站。

2008 年 4 月，俄罗斯宇航员沃尔科夫、科诺年科以及韩国首位宇航员李素妍搭乘"联盟 TMA-12 号"载人飞船飞赴国际空间站。2000 年 10 月到 2008 年，一共有 17 批宇航员，从"远征 1"小组到"远征 17"小组，常驻国际空间站从事科研。沃尔科夫和科诺年科就是"远征 17"小组成员。

国际空间站的前景

国际空间站的建造是十分艰巨的任务。从 1998 年到 2008 年，10 年间，建造任务仅仅完成了一半。从 2001 年起，美国大幅度削减了航天预算，美国宇航局也宣布削减国际空间站计划，放弃两个舱体的建设。2003 年美国"哥伦比亚号"航天飞机返航途中爆炸，机上 7 名宇航员全部遇难。这又导致美国航天飞机被迫暂停飞行，使空间站建设工作大受影响。而俄罗斯由于航天经费紧缺，能否完成本国建设任务也成问题。国际空间站能否按时完成建设，建设完毕后又能否保证 7 名宇航员在上面长期工作，难以预料。对于建设国际空间站的利弊的激烈争论一直延续到现在。

2008 年 5 月 31 日，美国"发现号"航天飞机搭载 7 名宇航员升空。宇航员进行了 3 次太空行走。6 月 2 日，"希望号"实验舱的主体加压舱段同空间站对接成功。航天飞机还送去了"远征 17"小组飞行工程师格雷戈里·查米托夫，接替已驻站 95 天的加雷特·赖斯曼。6 月 14 日航天飞机带着 7 名宇航员平安返回地面。它使人们对空间站建设"发现"了新的"希望"。

中国对国际空间站建设的争论是什么看法？2007 年 10 月 17 日，时任中国科技部副部长李学勇在记者招待会上回答记者提问时说："我们希望能够参加国际空间站的计划，成为这个计划的第 17 位合作伙伴。"

到太空去旅游

2001 年 4 月 28 日，世界上首位太空游客、美国富翁丹尼斯·蒂托搭乘"联盟 TM-32 号"飞船从哈萨克斯坦拜科努尔航天发射场出发，到国际空间站旅游观光 8 天，5 月 6 日返回地面。蒂托此行耗资 2000 万美元，除了太空观光外，他还负责飞船的一部分无线电通信、导航和供电任务，并与俄罗斯宇航员一起执行了对地观测任务。蒂托的太空之旅开创了太空旅游的新时代。

2002 年 4 月 25 日至 5 月 5 日，世界上第二位太空游客、南非亿万富翁马克·沙特沃斯也在太空度过了 10 天的时光，其中 8 天生活和工作在国际空间站上。

少儿科普名人名著书系

俄罗斯自 2001 年起运送太空游客至国际空间站,到 2007 年已有 5 名太空游客实现梦想。另外 3 人依次是:美国人奥尔森、伊朗裔美国人安萨里、匈牙利裔美国人希莫尼。

第六位是美国企业家理查德·加里奥特,2008 年 10 月 12 日至 24 日登上国际空间站。其父亲、宇航员欧文·加里奥特 1973 年曾在太空站度过 59 天。

第七位是加拿大太阳马戏团的创始人盖·拉利伯特。2009 年 9 月他乘坐 "联盟 TMA-16 号" 登上国际空间站。

俄罗斯的通讯社俄新社说,此前太空游客每人需支付约 2000 万美元费用。而俄罗斯航天部门说,这一价格今后可能还会增加。

奥运开幕、汶川地震、特艳莲花

也许有孩子会问,标题上这三组词彼此间有什么关系? 是不是标题弄错了? 没弄错,这三件事都同卫星、宇航有密切关系。

奥运开幕与气象卫星

让我们先从奥运开幕谈起。第 29 届奥运会 2008 年 8 月 8 日在北京 "鸟巢" 体育场开幕。此前许多天,人们普遍关心,开幕式这天会不会下雨。气象局连续多天一直在发布预测。气象预报,8 月 8 日北京将有短时阵雨。这天,"鸟巢" 上空阴云覆盖,天气闷热。令人高兴的是,开幕式没遇到雨。而这天夜间北京城区周边的密云、房山、顺义、怀柔等地几乎都有降水,降水量从 15 毫米到 40 毫米不等。次日,中国气象局说,8 月 8 日下午,气象部门派出 4 架飞机分别对降水条件进行探测,并用暖云催化剂进行作业;火箭作业从下午 6 时持续到晚上 11 时 30 分,共发射 1104 枚火箭弹驱云消雨。"鸟巢"无雨,开幕式圆满完成。这是奥运史上首次成功人工消雨。此前,我国已发射了 9 颗气象卫星,它们对我国气象部门做出比较准确的天气预报起了重要作用。8 月 8 日,我国气象卫星每 15 分钟发回最新天气系统变化。气象部门根据天气预报及时进行人工消雨,做到了开幕式北京城区无雨。而全世界几乎都能通过电视实时看到开幕式盛况,也得感谢卫星转播。

汶川地震与通信卫星

再谈谈汶川地震。2008 年 5 月 12 日 14 时 28 分,四川汶川发生了 8 级强烈地震,造成汶川县电话等常规通信全部中断,地震灾区与外界失去联系。过了大约 30 秒,中国电信汶川县分公司的刘道彬发现电话打不出去,而县里唯一一部海事卫星电话保存在家属楼里。砖混结构的家属楼在地震中摇摇欲坠。他冲进家属楼,将海事卫星电话拿了出来,架在院子里,拨通了中国电信阿坝藏族自治州分公司马尔康监控中心的电话:"喂,喂,我们这里地震了! 机房已经出现了裂缝,但还没有倒塌……"通话不到 10 秒钟就中断了。这就是从汶川向外界发出的第一声求援。此刻是 14 时 40 分,距离地震开始时间仅仅过去了 12 分钟。5 月 13 日凌晨,汶川县委书记王彬用这部海事卫星电话向外界汇报了汶川受灾的情况。随后,空降部队来到汶川。中国交通通信中心负责人说:"到 14 日 21 时,我们已经为抗震救灾单位提供了 151 台海事卫星通信设备。"宇航事业的发展造就海事卫星的诞生。而海事卫星通信设备在汶川大地震的救灾中发挥了巨大作用。

特艳莲花与太空育种

我们再来谈谈特艳莲花。北京城的西南有一座著名的"莲花池公园"。它历史悠久,有"先有莲花池后有北京城"之说。3000 多年前的蓟城就是以此处泉水为水源而建的城池。12 世纪到 13 世纪初,女真人建立的王朝金朝曾定都于现今北京城的西南,当时称为"中都"。"莲花池"成了金朝皇宫的后花园。蒙古人灭亡金朝后,把都城迁到现今北京城的北面,改名"大都"。"中都"连同它的皇宫和后花园逐渐荒废。莲花池成了一个大水塘。1998 年莲花池开始恢复建设,2000 年 12 月开始接待游人。此后这里的莲花越来越多。目前种植了 300 余种荷花,这里成了名副其实的"莲花"池。2008 年举办的第 8 届荷花节,有两种莲花特别受到游客注意。一是放在公园东门内的"并蒂莲",另一是特别艳丽的"太空莲"。太空莲,从它的名称就可以知道,它同太空有密不可分的关系。

太空莲是太空育种诸多成就中的一个。我国 1987 年 8 月 5 日发射的第九颗返回式卫星首次搭载青椒、小麦、水稻等一批种子,以及菌种、昆虫等地球生物,开始了我国的太空育种试验。由于太空环境中高能粒子辐射、微重力、高真空等综合因素的作用,生物材料会出现某些地球上不能获得的突变,对种子产生诱变作用,引起遗传基因变异。这些种子返回地面以后,通过几代培育、选优及筛选,可以获得具有高产、优质、早熟、抗病等优良性状的良种。据 2006 年 10 月的资料，我国自 1987 年以来利用返回式卫星、"神舟号"飞船等共进行了 18 次生物太空搭载试验，其中包括植物种子、枝芽、菌类、藻类、昆虫、鱼类、禽类共 2000 多种。培育成果近 200 种，36 个品种通过了审定，有些品种推广面积已经达到百万亩。现在我们平时能吃到的太空食品就有大米、小麦、青椒、黄瓜、番茄、莲子等。太空青椒比普通青椒大三四倍，而且营养丰富，生长适应环境的能力强，在北方高寒、干旱的环境中都能够保证高产。此外，科学家们还育出了太空莲等各种太空花卉以及棉花等作物品种。专家们还利用太空育种培育沙地、盐碱地、贫瘠土地的植物品种，为退耕还林、退耕还草、环境建设服务。

宇航事业与日常生活的紧密联系

如果说，半个多世纪前科学家对宇航事业的用途还只有一些轮廓式设想，今天宇航事业同我们的日常生活已有了十分紧密的联系，几乎每一个人的日常生活都离不开宇航事业。

本书《半世纪前设想的太空城市》一节谈到，半个多世纪前科学家把卫星用于电视、广播、电话、数字通信等方面的设想，今天已有许多方面成为现实。我国 2007 年发射的"鑫诺二号"和 2008 年 6 月发射的"中星 9 号"都是为广大用户提供卫星直播服务的卫星。

卫星导航系统已经进入人们的日常生活。50 多年前，美国建立了最早的卫星导航系统。这个系统由一些卫星、地面控制中心及用户终端构成。2000 年我国开始发射用于导航定位的"北斗"卫星，目前已建立了中国自己的全球卫星导航系统。汽车装备车载导航仪以后,驾驶者不仅能知道哪条路线距离目的地最短,还可以实时了解前方道路拥堵的情况,选择最佳路线。卫星导航系统可以广泛用于船舶运输、公路交通、铁路运输、海上作业、渔业生产、水文测报、森林防火、环境监测等众多行业,以及军队、公安、海关等其他有特殊指挥调度要求的单位。2008年北京奥运会期间,卫星导航系统在交通、场馆安全的定位监控方面,也有重要作用。

现在,我们出行前,总要先通过手机了解未来几天的天气预报。农民种庄稼也离不开天气预报。近些年,天气预报越来越准确,预报时间从一天到几天乃至更长时期。可以观测全球气象状况的气象卫星在这方面也是功不可没。1969年,周恩来总理提出要发展中国自己的气象卫星。到目前为止,我国已成功发射了17颗风云气象卫星。气象卫星的观测成果,在气象、海洋、农业、林业、水利、航空、航天等部门及其有关企业得到越来越广泛的应用,为我国国民经济建设、国防建设、防灾减灾和全球许多国家的经济发展做出了重要贡献。

十二、飞向太空工具的新发展

宇宙飞船

上面我们提到，国际空间站与地面之间的交通工具是航天飞机和宇宙飞船。它们被认为是人类与太空往来的太空渡船。有人会问，为什么要用这两种太空渡船？它们有什么共同之处？又有什么不同之处？

宇宙飞船——最早的太空交通工具

宇宙飞船是最早使用的太空交通工具，有时简称为飞船。它是一种运送宇航员、货物到达太空并能安全返回地面的一次性使用的太空交通工具。

携带探测设备飞向月球、其他行星，并不返回地球的太空交通工具,起初也都称为宇宙飞船,后来多称为探测器。

载人宇宙飞船能基本保证宇航员在太空短期生活并进行一定的工作。它的运行时间目前一般是几天到半个月,一般乘 2 到 3 名宇航员。

载人宇宙飞船分为卫星式载人飞船、登月载人飞船和行星际载人飞船等。卫星式飞船主要用于在比较低的围绕地球运行的轨道上进行宇航活动。苏联——俄罗斯研制的有"东方号"飞船、"上升号"飞船和"联盟号"飞船。美国研制的有"水星号"飞船、"双子星座号"飞船。中国研制了"神舟号"飞船。美国于 1960 年初研制出专门用来将人送上月球的登月载人飞船,如"阿波罗号"。行星际载人飞船是飞往太阳系各大行星的飞船,目前还没有建成。

苏联宇宙飞船系列

世界上第一艘载人宇宙飞船,是 1961 年 4 月 12 日发射的"东方号"宇宙飞船,后来又称为"东方 1 号"。它由两个舱组成,上面的是密封载人舱,又称宇航员座舱。这是一个直径为 2.3 米的球体。舱内设有能保障宇航员生活的供水、供气的生命保障系统,以及控制飞船在空间的姿态用的姿态控制系统、测量飞船飞行轨道的信标系统、着陆用的降落伞回收系统和应急救生用的弹射座椅系统。另一个舱是设备舱。它长 3.1 米,直径为 2.58 米。设备舱内有使载人舱脱离飞行轨道而返回地面的制动火箭系统、供应电能的电池、储气的气瓶、喷嘴等系统。"东方 1 号"宇宙飞船总质量约为 4.73 吨。"东方号"宇宙飞船一共进行了 6 次载人飞行。

后来,苏联在"东方号"的基础上,改进出另一个飞船系列——"上升号"。"上升号"可以乘坐2~3人。它的形状和尺寸与"东方号"差不多。同"东方号"载人飞船比，它去掉了弹射座椅，改为座舱整体软着陆。"上升号"一共只发射了2艘。1964年10月12日，"上升1号"飞船首次载着3位宇航员升空，在绕地飞行24小时17分钟后，软着陆于库斯塔奈地区。这是世界宇航史上第一次载3人宇航。1965年3月18日，苏联发射载有别列亚耶夫、列昂诺夫的"上升2号"飞船。列昂诺夫在这次飞行中进行了世界宇航史上第一次太空行走，他在离飞船5米处活动了12分钟。

"联盟号"是苏联—俄罗斯使用时间最长的载人飞船系列，分为"联盟号""联盟T"和"联盟TM"三个发展阶段，技术越来越成熟。"联盟号"能载3名宇航员，具有轨道机动、交会和对接能力。它可以为空间站接送宇航员，又能在对接后与空间站一起飞行，是苏联—俄罗斯载人宇航计划中重要的天空—地面往返运输系统。"礼炮号""和平号"空间站上的人员输送大多是由"联盟号""联盟T号"和"联盟TM号"完成的。

美国宇宙飞船系列

1962年2月20日，美国发射载人飞船"友谊7号"，宇航员格伦中校驾驶飞船绕地球飞行3圈，历时4小时55分23秒，在大西洋海面安全返回。格伦是美国第一个进入地球轨道的人。

1965年3月23日，美国发射第二代载人飞船"双子星座3号"。这是美国首次载2人飞行。1965年6月3日，美国发射"双子星座4号"飞船，宇航员怀特到舱外行走21分钟，用喷气装置使自己在太空中机动飞行。这是美国第一次太空行走。1965 年 12 月 15 日，美国发射"双子星座 6 号"飞船，它与 12 月 4 日发射的"双子星座 7 号"交会，并保持近距离编队飞行。这是美国载人飞船第一次空间交会飞行。1966 年 3 月 16 日，美国发射"双子星座 8 号"。它在太空飞行中与一个名叫"阿金纳"的对接舱对接。这是世界宇航史上第一次空间对接。

1968 年 10 月 11 日，美国发射"阿波罗 7 号"飞船。宇航员瓦尔特·施艾拉、唐·埃斯利和瓦尔特·康尼翰绕地球飞行 163 圈，历时 260 小时 9 分钟，22 日返回。这是"阿波罗"飞船的第一次载人地球轨道飞行。

中国宇宙飞船

"神舟一号"是中国于 1999 年 11 月 20 日在甘肃省酒泉卫星发射中心用"长征二号 F"运载火箭成功发射的第一艘试验飞船。飞船由轨道舱、返回舱和推进舱组成。2003 年 10 月 15 日发射的"神舟五号"，首次载有 1 名航天员，即杨利伟。2005 年 10 月 12 日，中国第二艘载人飞船"神舟六号"发射升空，载有费俊龙和聂海胜两名航天员。搭乘翟志刚、刘伯明、景海鹏 3 名航天员的"神舟七号"宇宙飞船于 2008 年 9 月 25 日发射升空。2016 年 10 月 17 日，中国宇宙飞船"神舟十一号"发射升空。*

---

* 2021 年 6 月 17 日，"神舟十二号"宇宙飞船将航天员聂海胜、刘伯明、汤洪波送入中国空间站"天和"核心舱——编辑注。

航天飞机

航天飞机是一种垂直起飞、能像飞机一样平稳降落的载人航天器。它可以往返于地球表面和近地轨道之间，并可部分重复使用。

航天飞机的英文是 Space Shuttle。Shuttle 一般指织布机上的"梭子"，所以最初中文曾把 Space Shuttle 译为"太空梭"。Shuttle 在美式英语中还有"市内公交汽车"的意思，在英式英语中有"定期往返客车""定期往返列车""定期往返轮渡""定期往返航班"等意思。因此，Space Shuttle 后来译为"航天飞机"。

苏联航天飞机

1988 年 11 月 15 日，苏联的"暴风雪号"航天飞机从拜科努尔航天发射场首次发射升空。它绕地球飞行两圈，在太空遨游 3 小时后，按预定计划安全返航，准确降落在离发射地点 12 千米外的混凝土跑道上，完成了无人驾驶的试验飞行。

"暴风雪号"航天飞机大小与普通大型客机差不多，外形同美国航天飞机极其相似，机翼呈三角形，机长 36.37 米，高 16.35 米，翼展 23.92 米，起飞重量 105 吨，返回后着陆重量为 82 吨。它有一个长 18.3 米、直径 4.7 米的大型货舱，能将 30 吨货物送上近地轨道，将 20 吨货物运回地面。它的头部有一容积 70 立方米的乘员座舱，可乘 10 人。

同美国航天飞机相比，"暴风雪号"最大的不同就是轨道器不带有主发动机,起飞时的推力全部来自强大的"能源号"运载火箭和捆绑的助推发动机。

"暴风雪号"首航成功,标志着苏联宇航活动进入一个新的阶段,为建立更加完善的天空——地面往返运输系统铺平了道路。

苏联解体后,由于政治和经济等方面的原因,其航天飞机计划停止。

美国航天飞机

1969 年 4 月,美国宇航局提出建造一种可重复使用的航天运载工具的计划。1972 年 1 月,美国正式把研制航天飞机空间运输系统列入计划,确定了航天飞机的设计方案,即由可回收重复使用的固体火箭助推器、不回收的两个外挂燃料贮箱和可多次使用的轨道器三部分组成。

航天飞机的轨道器是载人的部分,有宽大的机舱,并根据航天任务的需要分成若干个"房间";有一个大的货舱,可容纳大型设备。轨道器中可乘载 3 名职业航天员(如指令长或机长、驾驶员、任务专家等)和 4 名其他乘员(非职业航天员)。航天飞机舱内大气为氮氧混合气体。航天飞机在太空轨道完成飞行任务后,轨道器下降返航,像一架滑翔机那样在预定跑道上水平着陆。轨道器理论上回收后经过修理可重复使用 100 次。

1981 年 4 月 12 日,美国发射第一架航天飞机"哥伦比亚号"。这成为航天技术发展史上的又一个伟大的里程碑。这架航天飞机总长约 56 米,翼展约 24 米,最大有效载荷 29.5 吨。它的核心部分轨道器长 37.2 米,大体上与一架 DC-9 客机的大小相仿。每次飞行最多可载 8 名宇航员,飞行时间 7 至 30 天。

美国一共有 5 架航天飞机进行了飞行,它们是:"哥伦比亚号""挑战者号""发现号""亚特兰蒂斯号""奋进号"。航天飞机飞行每次载宇航员 2 至 8 名,飞行时间为 2 天到 14 天。

1986 年 1 月 28 日,"挑战者号"航天飞机在第 10 次发射升空后爆炸,舱内 7 名宇航员(包括一名女教师)全部遇难,成为人类航天史上最严重的一次载人航天事故。航天飞机因此停飞近 3 年。

2003 年 2 月 1 日,"哥伦比亚号"返航途中爆炸,7 名宇航员牺牲。"哥伦比亚号"是美国最老的航天飞机。这是"哥伦比亚号"在其 22 年的历史内第 28 次飞行,也是美国航天飞机 22 年来的第 113 次飞行。

捆绑式运载火箭

在第二章《登天的梯子》中谈到,当年科学家设想的太空交通工具是"火箭列车",即多级运载火箭。

当初,运载火箭多数为两级以上的多级火箭。后来,为了增大火

文有仁参观莫斯科展出的捆绑式运载火箭

箭的运载能力，科学家给运载火箭的第一级外围捆绑若干个助推火箭，就成了捆绑式火箭。中心的第一级被称为芯级火箭。

运载火箭一般采用液体推进剂，这种低温液体火箭技术比较复杂，目前只有美国、俄罗斯、法国、中国和日本等少数国家掌握。外围捆绑的助推火箭多采用固体推进剂，也有用液体推进剂的。

苏联的"东方"捆绑式运载火箭，中心是一个两级火箭，周围有4个长19.8米、直径2.68米的助推火箭。中心的两级火箭，第一级长28.75米，第二级长2.98米。发射时，中心火箭发动机和4个助推火箭发动机同时点火。大约2分钟后，助推火箭分离脱落，主火箭继续工作，2分钟后也熄火脱落。接着末级火箭点火工作，直到把有效载荷送入绕地球的轨道。苏联发射绕着地球飞行的"东方1号"宇宙飞船所用的运载火箭，发出的力量跟50万辆小汽车或者1000架巨型喷气式飞机相当。

1964年中国着手研制多级火箭。1970年"长征一号"运载火箭诞生，它是一种三级火箭，同年发射"东方红一号"卫星成功。1986年，我国把研制大推力的捆绑式火箭提上日程。1988年12月，这种新型运载火箭进入研制阶段。我国研制的"长征二号E"火箭的最大特点是采用先进的捆绑技术，从而大大提高了火箭的运载能力。它由一枚芯级火箭和4个液体助推火箭组成，火箭全长49.7米，芯级直径3.35米，单个捆绑助推器直径2.25米、高15米。整个火箭的起飞总重量460吨，起飞推力600吨，能把8.8吨至9.2吨有效载荷送入近地轨道。

美国的"德尔塔"、欧洲的"阿丽亚娜"，都是捆绑式火箭。

十三、开始了飞向月亮的征程

月宫真相

农历每月十五日前后，夜晚的天空总是挂着一轮皎洁的月亮。它是那样妩媚可爱，因而引起了人们许多遐想。月亮上到底是什么样子呢？

本书第一章《嫦娥奔月——神话与现实》介绍了我国许多有关月亮的神话，包括嫦娥、吴刚、桂树、玉兔、广寒宫等的故事。月亮上真有这些东西吗？

英国中世纪小说《月中人》描述说，月球上存在一个美好的月球居民的世界：那里没有绝望，没有动乱，也没有战争；月球上的居民讲着音乐一般的语言，有着和地球人相似的长相，只是头要大一些，这使得月球居民比地球人更加聪明……

月球上到底有些什么？几千年来，人类一直希望解开这个谜。

古希腊学者曾经认为月球表面洁白无瑕，是光滑的。1609 年末，伽利略用自制的一架可以放大物体 32 倍的望远镜观察月球。他发现，月球表面像地球一样是崎岖不平的，那里有高耸的山，有大大小小的陨石坑，也有低洼的平原，伽利略以为低洼的平原是月球上的海。后来，这些平原分别被命名为"某海""某某洋"，实际上那里不仅没有汹涌的波涛，而且连一滴水也没有。伽利略的观测打破了人们几千年以来关于月球的观念。伽利略还根据自己的观测，绘制了世界上最早的月面图。1610 年，伽利略把月面上最明显的高山用他家乡的亚平宁山脉命名。

此后，随着科学技术的发展，人们对月球有了越来越多的了解。

意大利科学家里乔利 1651 年出版的一本书里载有直径为 28 厘米的月面图。里乔利将月面的暗区命名为雨海、静海、酒海、虹湾、风暴洋等。对于环形山，他采用了古代科学家和哲学家等著名人物的名字命名。里乔利命名的 200 多个名称至今仍在使用。

1935 年，国际天文学联合会对月球的命名实行标准化的管理。国际月面地名命名委员会陆续对月面地名进行了整理和确认，得到了最初的月球地名表。之后，科学家又对月球上一些相继发现的新地形单元命名。

到 20 世纪 50 年代末人类开始向月球进军前夕，人们已经认识到，月球是一个围绕地球运行、本身不发光的天体。它是一个直径 3476 千米的大圆球，体积约为地球的 1/49，与地球平均距离为 384401 千米，最小距离约为 363000 千米。月球上空气非常稀薄，月球表面的空气密度相当于地球上空 75 至 80 千米高处的空气密度。

当时用望远镜人们可以清楚地看到月球上小到直径只有 100 至 200 米的东西。使科学家们烦恼的是：由于月球自转和公转的周期一样，月球始终以一个半球对着我们。人们只能看到这半面的月球表面。当时科学家根据观测结果已经把这半面绘成了极其详尽的"月图"。

这半面月球地形的最大特点是有许多大小不同的环形山，人们已观察到直径在 2000 米以上的环形山约有 35000 个。月面上还有由一系列险峻山峰集合成的山系。在月球南极附近的一座山峰高达 10500 米，比地球上最高的珠穆朗玛峰还高。月光虽然十分皎洁，但月球反射出来的光只占照到月面的阳光的 7%。由于月面缺乏空气，月面温度变化极大。据测量，月面白昼最高温度达 127℃，夜间最低达 -183℃。1958 年 11 月，苏联科学家科齐列夫还观察到了一次月球火山爆发。

当时科学家设想，第一个到达月球的人，将会看到与地球迥然不同的奇异景色。在那里可以看到太阳的熊熊火焰，星星也不会像在地球上看到的那样不停地眨眼。在朔日前后，在月球上看到的地球圆面的直径几乎是月球的 4 倍，而地球亮度几乎是地球上看到的明月亮度的 80 倍。月球上没有风暴，也没有雨雪，看不见飞禽走兽，看不到苍翠的树木，也看不到河湖海洋。月球上 1 昼夜相当于地球上 1 个月，太阳从升起到隐没要 1 个月左右，而地球却似乎是静止不动地悬在空中。因为缺乏空气对光的漫射作用，月球上没有黄昏和黎明，太阳未落下去前，还是明亮的白天，一落下去，就立即沉入黑夜。丘陵和山冈投出非常黑的黑影，一个人一进入黑影，他的同伴就会一点儿也看不见他了。在月球上经常可以碰到陡峭的山崖和黑暗的深谷，但是因为月球引力小,人们可以一纵就跳上高崖,越过深沟,飞檐走壁将成为寻常的现象。

月球上的情况越来越多地为人类所了解。但是,月球上更多存在着的是令人难解的哑谜:月球上到底有没有水? 有没有低级生物? 月球岩石的成分是什么? 月球上有些什么矿物? 能不能在月球上创造人类生活的条件? 这些问题只靠在地球上进行研究很难解决。为此,科学家决心到月球上去实地考察,为这些问题寻求答案,一些国家开始了登月的进程。

怎样才能飞入月宫

现在人们都知道,月球上没有嫦娥和吴刚,也没有玉兔和桂树。可是这些神话都反映出古代的人们渴望飞到月球上去的愿望。

随着科学技术的发展,人类飞往月球的日子已经到来了。

人是怎样飞到月球上去的呢?

前面说过,一件东西以 7.9 千米 / 秒的速度沿着地面在空中飞行,这件东西就可能成为环绕地球转圈子的人造卫星。

如果这件东西的速度超过了 7.9 千米 / 秒,例如达到了 9 千米 / 秒,会发生什么情况呢?

这时候,这件东西在一秒钟内,仍然被地球引力下拉 4.9 米,可是同时,它按直线方向飞了 9 千米。在这 9 千米的路程中,地面已经不止向下弯进了 4.9 米。因此它跟地面之间的距离更大了,也就是说更高了。在不断升高的过程中，它的速度因为受到地球引力的影响，会逐渐减慢。最后，它便不再上升，然后往下掉。在往下掉的时候，地球引力又使它的速度不断增快。当它的速度增快到 9 千米 / 秒的时候，它又开始往上升了。因此，它的飞行轨道成了椭圆形的，一时高，一时低，绕着地球不断地转圈子。

从这里我们可以看出，一件东西的速度超过了 7.9 千米 / 秒，它的速度越快，椭圆形的轨道就越扁、越长。在速度达到 11.1 千米 / 秒的时候，椭圆形轨道的长度就达到了最大限度。如果速度再增快，到了 11.2 千米 / 秒，也就是第二宇宙速度，地球引力就拉不住它了。它就会摆脱地球的引力，成为太阳系的行星，绕着太阳旋转了。

月球距离地球只有 38 万千米。宇宙飞船的速度在 11.1 千米 / 秒以下的时候，它的椭圆形轨道就会把月球也包了进来。也就是说，宇宙飞船会绕过月球的背后，再飞回地球。如果给宇宙飞船规定一个恰当的速度，使它的飞行轨道正好通过月球，就可以飞到月球上去了。

当然，人来到月球上空，不能听任宇宙飞船撞到月球上去，一定要使它平稳地着陆。同时，人还必须能够乘宇宙飞船飞回地球来。

月球宇宙飞船到达月球上空之前，在距离地球大约 34 万千米的时候，地球引力和月球引力正好平衡，月球宇宙飞船的速度就降到最低点，它慢得简直像乌龟爬一样。过了这个区域，由于月球引力的作用，它的速度又逐渐加快，在接近月球表面的时候，会达到 2.7 千米 / 秒。

前面说过，炮弹的速度也不过 1 千米 / 秒。如果月球宇宙飞船以 2.7 千米 / 秒的速度撞上月球，一定会撞得粉身碎骨。所以得设法减慢它的速度。像飞往近地太空的宇宙飞船的着陆舱一样，月球宇宙飞船的着陆舱也应当有动力设备,才能在接近月球表面时逐步降低速度以实现软着陆。由于月球表面没有空气,月球宇宙飞船的着陆舱无法像近地宇宙飞船的着陆舱那样,利用降落伞降低部分速度。此外,月球宇宙飞船着陆舱如果载有宇航员,它还必须有相应的设备和动力以便飞离月球,返回地球。因此,制造月球宇宙飞船的技术比近地宇宙飞船还要复杂。

而这些技术在 20 世纪 50—70 年代都已先后解决。也就是在那一时期,人类的足迹第一次出现在月球表面。

第一次近看月球

1959 年 1 月 2 日,苏联发射了"月球 1 号"探测器。这个重 361.3 千克的探测器是人类制造的第一次成功地摆脱开地球引力的装置。"月球 1 号"装有当时最先进的通信、探测设备。它 1 月 4 日从距月球表面约 5995 千米的地方通过,但未能命中月球。

第二天,苏联政府宣布,其成功发射的人类首个月球探测器,已经从月球近旁掠过。这一消息震惊了西方,轰动了世界,成为全球众多媒体的头版头条。

苏联发射的"月球 1 号"是 3 次发射失败之后的第四个月球探测器。这个探测器是一个球体,直径约 1 米,由"月球号"火箭发射升空。它没有经过停泊轨道,而是直接飞向月球,奔月速度达到 11.17 千米 / 秒。当距离地球 113000 千米时,它释放出金黄色的钠气,制造了

"人工钠云"，以使地面人员能跟踪观察。这个"人工钠云"成为人类制造的第一个"人造彗星"。

"月球1号"携带的探测装置，在飞行途中测量了月球和地球的磁场、宇宙射线的强度及其变化，测量到太阳发射的等离子流——太阳风，还研究了星际气体成分和流星粒子，并拍摄了照片。它发现月球的磁场几乎为零。"月球1号"探测器上的无线电设备工作60小时后停止向地面发送信息。

"月球1号"没能按原计划撞击月球，而是与月球擦肩而过。经过9个月的飞行，"月球1号"于9月26日进入围绕太阳运行的日心轨道，成为人类制造的第一个人造行星。

尽管这次飞行未能完全实现预定的目标，但它进入了人类以前从未到达的太空领域，完成了"投石问路"的壮举。为此，苏联给它取了一个充满希望的名字——"梦想号"。

1959年3月3日，美国发射"先锋4号"探测器。"先锋4号"成为美国发射的第一个脱离地球引力的探测器，但也没能击中月球。它从距月面59000千米处掠过，随后进入围绕太阳运行的轨道，也成为太阳系中的一个人造行星。

月球上出现人类活动的第一批印迹

人类从诞生以来就深深地为天上那轮美丽的皓月所吸引。明镜般的月亮高挂在黝黑的天空，在闪烁的群星中显得分外妩媚动人，人们多么想上去亲眼看一看啊！但千万年来，月球可望而不可即，人类为它编织了许多动人的故事，如嫦娥奔月、吴刚伐桂等。但来自地球的嫦娥、吴刚、桂树等不过是神话而已，实际上并不存在。半个多世纪前，如果有谁说，月球上有人类活动印迹，人们会觉得可笑。可是，20世纪中期以后，情况有了根本变化，月球上终于出现了人类活动的许多印迹。

在人类大量移民月球，把月球变成人类的第八大洲，月球成为繁华的新世界以后，月球移民也许会有兴趣探访早期人类活动的遗迹呢！未来月球居民制定《月球文化自然遗产名录》时，月球上早期人类活动遗迹一定会占有重要位置！

"月球1号"发射8个月后，苏联再次向月球发射探测器。这个探测器是"月球2号"。它直接投入了月球怀抱，撞击在月球表面，成为人类活动在月球上留下的第一个印迹。

"月球2号"与它的兄弟"月球1号"在设计和外形上十分相似，装载了基本相同的科学仪器。它还带上了刻有苏联国徽的装饰物。"月球2号"于1959年9月12日发射，两天后飞抵月球，在月球表面"硬着陆"，成为第一位到达月球的人类"使者"。这一天，是人类征服月球的历史上值得纪念的日子，人类终于第一次"触摸"到了月球。

在"月球2号"接近月球的关键时刻，苏联宇航总设计师科罗廖夫和他的助手们都聚集在飞行控制室里。除了"月球2号"传回的清晰信号外，控制室内鸦雀无声，一片静谧，人们都在紧张地期待着。在"月球2号"抵达月面的一瞬间，紧张的设计师们抑制不住兴奋的心情，全都跳了起来，为取得的巨大成功欢呼雀跃。这是人类第一次将

少儿科普名人名著书系

自己亲手制造的物体送到月球表面。

"月球 2 号"为人类"鞠躬尽瘁,死而后已"。"月球 2 号"科学仪器舱内的无线电通信装置在撞击月球后才停止工作。它在撞到月面之前,一直在向地球发回有关月球磁场和辐射带的重要数据。人们知道,地球是有磁场的,因此我们在地球上可以用指南针确定方向。地球周围还有辐射带。科学家根据"月球 2 号"发回的数据确定,月球与地球不同,它没有磁场和辐射带。

"月球 2 号"着陆点在"雨海"东南部的阿基米德环形山附近。在这里可以见到强烈倾圮和局部被火山熔岩埋没的地形,四周伸展着一片平坦、发暗的表面。由于月球的直径是地球的 1/4,因此,月球的"地平线"要近得多,仅为 2.5 千米远。虽然着陆点与阿基米德环形山、亚平宁山脉等相距不远,但由于它们在"地平线"以下而看不到。

撞到月面上的是火箭的最后一级,总重(不算燃料)为 1511 千克,其中装仪器的容器重量是 390.2 千克。此外还带有 3 个金属标记球,上面刻有"苏联 1959 年 9 月"字样。其中两个直径各为 9 厘米,另一个直径为 15 厘米。

"月球 2 号"撞到月面时的速度达到 3.3 千米 / 秒。当时,月面扬起了 500～900 千米高的尘埃云,有些尘土甚至落到离相撞点 3000 千米远的月面上。在相撞点的月面上出现了一个新的小小环形山——圆穴。在这样猛烈的撞击下,探测器和仪器容器都已成为碎片,但金属标记球很可能完整地留在那里。

4 年半以后,美国的月球探测器也在月面上实现了第一次"硬着陆"。"徘徊者 6 号"月球探测器于 1964 年 1 月 30 日发射,2 月 2 日到达月面"静海"地区,成为人类留在月球上的第二个印迹。它在降落途中,电视摄像机失灵,没能发回照片。

同年 7 月 28 日,美国发射"徘徊者 7 号"。7 月 31 日,"徘徊者 7 号"在月面"云海"的北部"硬着陆"。在撞到月面以前,它向地球发回了 4308 张月面照片,拍到月面有许多极其微小的环形山。科学家据此得出结论:环形山是月球的普遍地貌。大环形山起源于火山,小环形山和微小环形山是陨石或"火山弹"撞击而成的。

1965 年,又连续有 5 个月球探测器在月面"硬着陆"。

美国的"徘徊者 8 号"于 1965 年 2 月 20 日撞在"静海"附近,发回 7137 幅"静海"照片。"徘徊者 9 号"在 1965 年 3 月 24 日硬着陆于"云海"东部的阿方索环形山内,发回 5814 幅阿方索环形山底部和"云海"附近高地照片。

同年 5 月 12 日、10 月 7 日和 12 月 6 日,苏联的"月球 5 号""月球 7 号"和"月球 8 号"先后到达月面,前一个撞击在"云海"中,后两个撞到"风暴洋"中。"月球 4 号"到"月球 8 号"发射的目的原来都是实验"软着陆",但均未成功,仍硬撞到月面上。

这 8 个"硬着陆"的探测器,成为人类活动在月球上留下的第一批印迹。

揭开月球背面的神秘面纱

人类出现在地球以来，始终只能看到月球朝向地球的一面。月球把它的另一面永恒地隐藏起来。月球背面到底有什么呢？它的地形同正面是大体相同，还是完全不同？科学家们提出了各种各样的猜测。苏联"月球3号"探测器拍摄的第一张月球背面照片，使人类有史以来第一次看到月球神秘的另一面。

苏联"月球3号"探测器

"月球3号"探测器是1959年10月4日发射的。"月球3号"的目标不再是撞击月球，在月面"硬着陆"。它的主要任务是揭开月球背面的神秘面纱。3天后"月球3号"进入绕月飞行的轨道，环绕到月球背面，拍摄了第一张月球背面的照片。

"月球3号"与前两个探测器大不相同，比它们更重，第一次携带了两台焦距不同的照相机，使用了太阳能电池，并且采用压缩气体来控制它的指向。经过数十小时飞行，"月球3号"最终顺利地绕到月球背面，距离月球最近处达到6200千米。在进入月球背面的40分钟内，两个光学相机拍摄了29张照片，其中17张照相底片在飞行途中完成自动冲印，然后通过电视扫描转换成电视信号，再通过无线通信装置传送回地面。尽管最后得到的照片分辨率很低，而且只覆盖了月球背面70%的区域,却记录了人类对月球背面的第一次观察,展现了人类以前从未看到过的景象。

在20世纪50年代末,拍摄月球背面图像并不是件容易的事情。苏联在发射"月球3号"时,对发射时间和飞行轨道作了精心的安排。当"月球3号"经过月球背面时,月球恰好处于地球与太阳之间,这样太阳光可以照亮月球背面,探测器上的光学照相机就可以进行清晰的拍摄。

几天以后,苏联公开发表了具有历史意义的月球背面照片,引起了轰动。这些照片让人们首次看到了月球神秘的背面,标志着人类在月球探测中取得了里程碑式的成就。

从月球背面照片可以看出,月球背面同正面大同小异。那里也没有广寒宫、桂树、嫦娥、玉兔,只有大量环形山、高山、峡谷和"海"(平原)。

1968年9月,苏联发射"探测器5号",首次实现无人飞船绕月球飞行并成功返回地球。"探测器5号"携带乌龟绕月飞行,但是随后由于导航系统故障,飞船未能在苏联安全着陆,而是在印度洋安全降落。

1969年7月13日,苏联发射"月球15号"探测器。它进入了围绕月球运行的月心轨道,成为月球的卫星,试验了新的导航系统。它曾两次校正轨道,第一次达到离月面95千米到221千米高的轨道,第二次达到离月面16千米到110千米高的轨道。它绕月运行了52圈,7月21日开动探测器制动装置,坠落到月面预定地区。

在此之后,美国为了给未来的"阿波罗"载人登月宇宙飞船选择着陆地点提供探测数据,发射了5个"月球轨道环行器"。美国"阿波罗"15 号和 16 号登月飞船也曾释放两个绕月飞行的小卫星。美国还发射过一个专门找水的、绕月飞行的"月球勘察者号"探测器。

苏联和美国向月球发射的这些月球卫星,环绕月球飞行完成探测任务后,由于月球引力,最终都投入了月球的怀抱。

1968 年 12 月 21 日,美国发射载有博尔曼、洛弗尔和安德斯 3 名宇航员的"阿波罗 8 号"宇宙飞船。飞船成功飞临月球上空,进入距月面 112 千米的月球轨道,绕月飞行了 10 圈,历时 20 小时 6 分钟,并向地球发回观测信息。12 月 27 日"阿波罗 8 号"返回地球,在太平洋安全降落。这是世界上第一艘飞到月球附近并绕月飞行的载人飞船,也是人类第一次飞临月球附近。

人造装置首次在月球软着陆

苏联发射的"月球 9 号"探测器,于 1966 年 2 月 3 日在月面的"风暴洋"西部成功地软着陆,成为世界上率先在月球软着陆的探测器。这个日子成为宇航史上又一个值得纪念的日子。

"月球 9 号"探测器于 1966 年 1 月 31 日发射,重 1583 千克,其着陆舱重 100 千克。它飞行 79 小时之后,在距月球表面 75 千米处,着陆舱与探测器本体分离,2 月 3 日软着陆成功。着陆点的月面坐标是西经 64 度 37 分,北纬 7 度 13 分。这个探测器在月面工作了 75 个小时,同地球进行了 7 次一共 8 个多小时的通信联系,发回了 3 幅月球景观的全景图和 27 张照片。这是从月球上第一次向地球进行电视转播。3张全景图是分别在太阳处于月球地平线上不同高度时拍摄的，人们第一次就像亲身站在了月球表面上，清楚地看见了那种阴森凄凉的月球景色。

1966年5月30日，美国发射了新型探测器——"勘测者1号"。探测器经过64小时飞行后，6月2日在月面"风暴洋"软着陆。它的着陆地点在"月球9号"着陆点的东南面。"勘测者1号"探测器有3只脚，总重达1吨，装有当时最先进的探测设备。"勘测者1号"发回了11237张月面具有不同光照条件的照片。照片表明，这一带月面是一层土壤，不太硬，含有石块和土块。

这以后，又陆续有8个探测器到达月球，其中5个软着陆成功，3个因撞到月面上毁坏而失败。苏联的"月球13号"于1966年12月24日在风暴洋西部边缘、"月球9号"着陆点以北不远的地方软着陆。1967年4月19日、9月11日、11月11日和1968年1月10日，美国的"勘测者3号""勘测者5号""勘测者6号"和"勘测者7号"先后于"风暴洋"东南、"静海"、"中央湾"和第谷环形山附近软着陆。其中"勘测者3号"装备了带有挖斗的特殊机械装置，在月面上挖出了一条深达20厘米的沟，查明月球土壤颗粒细小，像湿土一样粘在一起。这条沟成为月球上第一条"人工"开凿的沟槽。

人类首次采集月球物质并带回地球

1970 年 9 月 12 日苏联发射的"月球 16 号"探测器,在月面"丰富海"软着陆,随后从月球上返回了地球,第一次实现了地球、月球间的往返。它还采集了 120 克月土样品带回地球。这也是人类第一次直接从月球上取到的月球物质。

"月球 16 号"探测器 9 月 17 日进入围绕月球运行的轨道,成为月球卫星。9 月 20 日它在月面"丰富海"成功地软着陆,着陆点月面坐标是东经 56 度 18 分,南纬 0 度 41 分。"月球 16 号"使用钻头从月面"丰富海"收集土样,土样实际上是一些细小的岩石碎块儿。9 月 21 日,"月球 16 号"从月面起飞,9 月 24 日返回地面,实现软着陆。

内装土样的密封容器被交给苏联科学院地质化学研究所去研究。该所的科学家们打开胶囊后认定:月球的土壤是一种颗粒大小不等的黑灰色粉末。就其性质来说,它更像是潮湿的沙子,其特点是容易起电。后来,在不同的年代,苏联把一小撮一小撮的月球土样分别交给捷克斯洛伐克、罗马尼亚、保加利亚、民主德国和印度的实验室去研究,但大部分土样至今仍留在俄罗斯。

1972 年 2 月,苏联还成功地发射了"月球 20 号"无人探测器,它也从月面采集了土样,将土样送回了地球。

从 1958 年到 1976 年,苏联一共发射了 24 个"月球号"探测器,其中有 18 个完成了探测月球的任务。1976 年 8 月 9 日,苏联发射最后一个无人月球探测器"月球 24 号"。它于 8 月 18 日在月面"危海"东南软着陆,从月面 2 米左右深处采取了 170 克月土样品并带回地球。至此,苏联对月球的无人探测宣告完成。

1969 年 7 月 20 日,美国"阿波罗 11 号"宇宙飞船宇航员阿姆斯特朗和奥尔德林着陆月面,采集了 28 千克月球岩石和土壤的样品,于 7 月 24 日带回地球。这是人类第一次亲手在月面采集月岩和月土并带回地球。

从 1969 年至 1972 年,美国宇航局"阿波罗"登月计划 6 次成功登月,12 名宇航员从月面不同区域采集并带回地球的月岩和月土的样本总数为 2196 份,总重量达 382 千克。

宇宙飞船在地球、月球间往返

宇宙飞船飞上月球,随后返回地球,其技术要求是相当高的。宇宙飞船在地球、月球间往返的问题不解决,就不可能在月面采集月岩和月土并带回地球,更不可能把人送上月球。

为了实现宇宙飞船在月球上平安降落,首先要降低宇宙飞船的飞行速度。

宇宙飞船在月球上降落之前,怎样降低速度呢?月球几乎没有空气,不能利用降落伞来降低速度,只能依靠宇宙飞船本身的力量。它在降落的时候,应该掉一个头,让尾部转向月球,朝前方喷气。喷气的反作用力就可以使它降落的速度减慢。

宇宙飞船在月球上准备降落的时候,它的飞行速度是2.7千米/秒。要全部抵消这个速度,宇宙飞船的喷气设备必须产生相当于这个速度的力量。喷气是依靠燃料燃烧产生的。也就是说,为了在月球上安全降落,宇宙飞船上必须多带能产生这一速度的燃料。

宇宙飞船从月面起飞时,也要克服月球的引力。月球比地球小得多,月球的引力因而也比地球小得多。宇宙飞船只要达到2.7千米/秒的速度,就可以摆脱月球的引力了。

不过在越过月球引力和地球引力相平衡的区域以后,由于地球的引力,宇宙飞船的速度又逐渐加快。在接近地球的时候,它的速度会超过11千米/秒。如果不把速度降低,宇宙飞船或许会径直对地球撞来,冲进大气层,像流星一样被烧毁。也或许宇宙飞船只能环绕着地球转圈子,永远回不到地球上来。所以宇宙飞船又必须掉过头来,向前进的方向喷气,使速度降低到5千米/秒左右。宇宙飞船的速度降低到这种程度,就可以进入大气层,利用巨大的降落伞降落,或者像滑翔机一样滑翔降落。

月球上无人驾驶的车辆

伴随着人类足迹踏上月球,人类制造的无人驾驶的车辆也留在了月面上。

苏联"月球车1号"

1970年11月10日，苏联发射"月球17号"探测器。7天后，"月球17号"探测器在月面"雨海"顺利软着陆，把第一辆可在月面行驶的"月球车1号"送上月球。

"月球车1号"车长2.2米，宽1.6米，重756千克。车分上下两部分：上部分是仪器舱，下部分是自动行走底盘。仪器舱是由镁合金制成的密封舱，它保证仪器仪表在月球上工作时不受外部环境影响。舱内装有无线电发送和接收设备、遥控仪器、核能源装置、温控系统等，还载有4台全景摄像机。自动行走底盘下装有8个车轮。月球车的运动有两种：一种是向预定的地点行驶，另一种是在某一固定的地段内徘徊。它在月面的一切活动由地面控制中心操纵。也就是说，"月球车1号"在月面上行驶，它的驾驶员却坐在38万千米外地球上的指挥控制大厅中。

这辆月球车设计寿命是3个月，实际上它在月球上工作达11个月，一直到1971年10月4日才停止行驶。它在月面行驶的出发点为"雨海"东南90千米，月面坐标是西经35度，北纬38度17分。在这期间，它在月面进行了4次巡游，行程达10540米，考察面积达8万平方米。它在月面500多个点上进行了土壤物理和力学特性测试，在25个点上进行了月球土壤化学成分分析，发回两万多项测量数据，并拍摄了200幅月球全景照片和25000张月面照片。直到核能耗尽，"月球车1号"才停止工作。

苏联 "月球车2号"

在美国"阿波罗"登月计划结束以后,1973年1月8日,苏联发射"月球21号"探测器。1月15日,"月球21号"探测器在月面"澄海"东部勒莫尼耶环形山软着陆。着陆点月面坐标是东经30度27分,北纬25度52分。1月16日"月球21号"探测器把"月球车2号"送到月面。

这辆更为先进的月球车重840千克。它取得了更多成果。"月球车2号"在4个月的时间里沿月面行驶了37千米,详尽研究了勒莫尼耶环形山底部的地形,考察了一条长15.6千米、深40到80厘米的直沟,发回86张月面全景图,并用车载的X射线分光计对几个地点的月球土壤进行了化学分析,找到了月球原生岩层露头。"月球车2号"的光度计发现,月球夜晚天空背景较亮。科学家认为,这可能是月球周围尘埃云漫射日光以及地球反光所致。

美国的两轮手推车

1971年1月31日,美国发射"阿波罗14号"宇宙飞船。这是美国宇航局"阿波罗"计划中的第八次载人任务,是人类第三次载人登月。此次任务是在月球高原地区考察并寻找水源、放置科学仪器等。登月舱降落在月球弗拉摩洛地区,"阿波罗14号"宇航员共有3人:指令长艾伦·谢泼德,指令舱驾驶员斯图尔特·罗萨,登月舱驾驶员艾德加·米切尔。飞船登月舱2月5日登月。登月的第二天,谢泼德和米切尔从登月舱卸下一辆两轮手推车。这是月面上第一辆,也是留在月面上唯一一辆手推车。

两轮手推车被称为"模块式设备运输车"，用以运送仪器和月岩样品。车上面有工具架，挂满了地质勘探工具，如锤子、取样铲、取芯管、夹取器、刷子、地图色标和外出考察图等。轮胎在月面上压出两道很长的车辙，车辙在阳光下发亮。他们推着这辆两轮手推车，载着他们的工具和摄影机做"考察远足"。他们进行了两次月面行走，时间共计9小时24分钟，首次使用手推车来运输岩石，采集了42千克的物质。

为载人宇宙飞船登月寻找月面着陆点

　　为了实现载人登月，美国先实施了4个辅助计划。在1961年至1965年发射9个"徘徊者"月球轨道器，用以了解未来的"阿波罗"飞船在月面着陆的可能性。在1966年至1968年发射5个"勘测者"月球着陆器，了解月球土壤的理化特性。在1966年至1967年发射3个"月球轨道环形器"，对40多个预选着陆地点进行详细观测，从而选出10个登月点。在1965年至1966年发射10艘"双子星座"飞船，进行生物医学研究和飞船机动飞行、对接及舱外活动训练等。

　　美国从1961年开始执行载人登月飞行的"阿波罗"计划。计划规定，发射一系列"阿波罗号"宇宙飞船。头几艘的任务是，在环绕地球轨道上飞行，检验飞船的各种系统。随后是在环绕月球轨道上飞行，为载人宇宙飞船登月寻找月面着陆点。最后是把人送上月球。

　　"阿波罗"计划中，"阿波罗"1~3号是试验飞船。

"阿波罗 1 号"宇宙飞船于 1967 年发射,任务是环绕地球轨道飞行。但它在一次模拟演习中在发射台着火被烧毁。

"阿波罗"4~6 号是无人飞船。

1968 年 10 月,"阿波罗 7 号"宇宙飞船进入环绕地球轨道,飞行了 10 天 20 小时,实现美国宇宙飞船首次电视直播,测试了指令舱与登月舱对接的系统,证明了"阿波罗号"宇宙飞船在太空中完成任务的能力。

随后"阿波罗"8~10 号宇宙飞船进行了载人绕月飞行。

"阿波罗 8 号"宇宙飞船于 1968 年 12 月发射,是"阿波罗"计划中第一艘脱离地球引力抵达月球的宇宙飞船,它第一次成功地完成绕月飞行任务,为今后的"阿波罗"登月计划迈出了极大的一步。

1969 年 3 月,美国发射"阿波罗 9 号"宇宙飞船。其任务是进行全部登月设备在地球轨道上首次载人飞行的试验。在这次试验中,宇航员施韦卡特在太空中离开飞船,进行了 37 分钟的太空行走。

1969 年 5 月,发射"阿波罗 10 号"宇宙飞船。这次发射任务是测试登月舱和服务舱能否顺利对接和脱离。任务圆满完成。

从"阿波罗 11 号"开始,人类终于圆了登月梦。

美国送中国 1 克月球岩石

2006 年 9 月 7 日,北京天文馆收到了一件特殊展品——一块很小的来自月球的岩石。

这一天，北京天文馆"快乐探寻宇宙奥秘"天文展览开幕，中国探月工程首席科学家欧阳自远院士，将一黄豆粒大小、极其珍贵的月球岩石交由馆长放进展柜。

这个展品立即吸引了孩子们好奇的目光。

"爷爷，这块小石头上闪闪发光的东西是金子吗？"天文馆小天体展区里，文新街小学四年级学生刘方策指着一个展品问欧阳自远院士。刘方策不知道那个镶嵌在托架上、得透过放大镜才能看清楚的"小石头"究竟是什么。

"这可比金子珍贵千万倍，这是月球上的岩石。"欧阳院士回答说。

老院士对这块月岩有很深的感情。

1978 年 5 月 28 日，中美建交前夕，美国国家安全事务顾问布热津斯基访华时带来两件礼物：一块月球岩石，一面美国宇航员曾带上月球的中国国旗。月球岩石被浇铸在一个类似于凸透镜的有机玻璃盒内，看着很大，但其实只有 1 克的重量。

真的是来自月球的岩石吗？是什么时候采集的？这些情况美国人没有说明，只好由中国人自己来研究。

当时全国搞天体岩石的研究人员很少，有关部门很快找到了时年 43 岁、远在贵阳的欧阳自远。

"样品很快从北京安全地送到了贵阳。拿到样品，我当时就请来了全国近百名各方面的研究专家，并制订了详细的研究计划，"欧阳自远说，"1 克的样品虽然很少，但对于做研究已经足够。我当时把样品小心切成了两块。一块用于做研究，另一块保存了起来。……我们研究了岩石的化学成分、同位素、矿物质，推测位于月球上向阳面还是背阳面。研究总共损耗了半克。"

欧阳自远后来对记者说，令他感到自豪的是，对这 0.5 克样品进行研究后，中国学者发表了 14 篇相关研究文章，并推断出这是由"阿波罗 17 号"飞船采集来的样品。在参考美国公布的数据后，学者们还把样品研究具体到了其取自月球的什么位置。

"美国人赠送月岩样品，其实也是在探测我们的测试能力和研究水平。虽然这话没有明说，但我们的研究结果还是让美国人很信服。"欧阳自远说。

正是对这块月岩的成功研究，激发了中国科学家"奔月"的决心。欧阳自远也成了中国探月工程首席科学家，为中国"探月工程"做出了重要贡献。

要登上月球、探测月球，必须研制出月球探测器。而设计月球探测器，首先要对月球基本元素组成、岩石状况进行一些研究，所以这块月岩可能提供的有关月球的第一手信息就极其珍贵了。2007 年 10 月 24 日，中国发射了"探月工程"的第一个探测器——"嫦娥 1 号"。对于确认"嫦娥 1 号"获得的数据是否可信，老院士说，对这块月岩所做的基础研究又将派上用场。

欧阳院士希望，剩下的月岩能够让大家都看见。想来想去，他觉得放进天文馆最合适。所以，半克月岩就被摆进了北京天文馆。

也许，参观北京天文馆的孩子中，有的孩子看了这半克从月球上取来的岩石，也会激发起远征太空的热情，刻苦学习，日后成长为新一代"航天人"，为发展中国的航天事业做出更大的贡献哩！

十四、在月球背面漫步

到月球背面去旅行,这在目前还无法实现。但是,月球背面对于人类说来,已经不再是神秘莫测的了。自 1959 年以来,人类多次发射了自动探测器探测月球背面。现在,科学家已经绘出了相当详尽的月球背面图。既然我们不能亲自登月,饱览月球背面的风光,那就让我们沿着月球背面图作一番图上"漫步"吧。

初步揭开月球背面之谜

由于月球自转的周期等于它绕地球公转的周期,它永远以同一面对着地球。长期以来,月球背面一直是个不解之谜。因此,神秘的月球背面曾经使人们产生过各种各样的想象。

月球背面到底是什么样子?

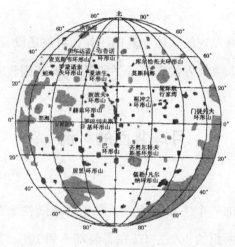

月球背面图

　　1959年10月4日，苏联发射了"月球3号"探测器。10月7日，"月球3号"实现了第一次绕月飞行。它从月球背面的上空飞过，拍摄并向地球发回了月球背面约70%面积的图片。这是人类首次获得月球背面图片，使人类第一次看到月球背面的景象。在这些照片上天文学家们分辨出了500多个实体，其中大部分是环形山。1965年7月20日，苏联的"探测器3号"又拍摄了一批月球背面照片。这25张新照片和以前拍摄的照片，几乎把月球的整个背面都摆到了研究人员的面前，只差靠近月球南极的一块很小的区域了。

　　1966年8月10日，美国首个环月探测器"月球轨道器1号"发射成功，进入近月点为200千米、远月点为1850千米的环月轨道。1966年8月至1967年8月，美国共发射5个"月球轨道器"，对月表进行了大面积探测，并通过测量轨道数据，得到月球重力场详图。

　　通过这些考察，人类初步察明了月球背面的面貌，绘制出了几乎整个月球背面图。

为月球背面发现的实体命名的工作，目前还没有结束。这些实体有不少是以人类优秀代表的名字命名的，有些则暂时还没有名称。

月球背面的"海"

月球背面的一个主要特点，就是它的大陆性。在月球的正面，"海"占了整个面积的40%左右，在背面却不到10%。其实，如果不算边缘区域的话，那么，月球背面一共只有两个不大的"海"，这就是"莫斯科海"和"理想海"。月球上的"海"并没有水，只不过是大小不等的平原。

"莫斯科海"是个典型的环形山"海"，大小和形状类似月球正面的"危海"。"海"底布满了深色的、凝固的火山喷出岩。但是，"莫斯科海"和"危海"有一个很大的区别。"危海"有一个类似大环形山壁的唯一陡岸。"莫斯科海"则有双层壁，说得更准确些，在围绕着这个"海"的既高且陡的外壁内，分布着第二层壁，而且在这层壁上还可以看到几个环形山。就这方面来说，"莫斯科海"同月球正面一些有双层壁的环形山相像。

"理想海"同月球正面边缘的一些小"海"，如"史密斯海"相类似。其实，"理想海"是一些并排分布的环形山发暗的底部，人们把这个区域划成单独的"海"，也只是一种假定。

位于月球正面边缘地带的一些"海"，从地球上只能看到其局部的边缘区域,而在月球全图上却可以看到其真正面目。例如,在全图上可以看出,"洪堡海"和"史密斯海"是类似小环形山"海"的圆形构造。

非常有意思的是"东海"。实质上这是一个大环形山的发暗底部。但是从大小上来说,它应当算是"危海"和"莫斯科海"类型的环形山"海"。它有一个类似环形山壁的陡岸。在这个陡岸的外面,还分布着三个结构十分复杂的同心壁。"东海"的直径为 800 千米左右。这是地球上的巨型环形山所无法比拟的。

月球背面众多的环形山

月球背面众多的大大小小的环形山,稀奇古怪地相互错叠着,有时构成一些绵延数百千米的环链。任何一个看到月球背面图的人无不为之感到惊异。

月球正面南部的大陆部分也有这种月貌。然而,在月球背面这样的总体"环形山性"表现得尤其强烈和多样。同月球正面相比,月球背面的环形山要多得多,也大得多。这再次证实,环形山是月貌中占主导地位的基本形态。

月球背面没有明显的山脉(像月球正面亚平宁山脉那种类型的)。可是在"东海"的四周可以看到许多线状的地形,这就是一些宽谷和围在这些宽谷旁的山脉。如果我们把"雨海"的高高海岸看成是山脉的话,那么,环绕着"东海"的壁,也便是这类山脉,只是目前还没有命名。"莫斯科海"的海岸也可以说是山脉。

在月球背面还可以看到三个类似"东海"的结构，它们距"东海"比较近。首先是赫茨普龙环形山，它有两个同心壁，而且在外壁上有三个大环形山和许多小环形山。外壁的直径近 600 千米，同"莫斯科海"和"危海"的直径差不多。如果赫茨普龙环形山的底部发暗，大概这个结构就可以称作"海"了。

科罗廖夫环形山和阿波罗环形山，在大小和结构上同赫茨普龙环形山相似。但是，月球上最大的环形山之一伯克霍夫环形山，其大小大致同"危海"相等。同这些环形山相比，月球正面的哥白尼环形山算是小的了。伯克霍夫环形山边上有一个寄生的卡诺环形山，比哥白尼环形山大几倍。

在"莫斯科海"的下方，有一个门捷列夫大环形山，它发暗的底部非常明显。这实质上是一个环形山"海"，形态和大小同"史密斯海"类似。

在全图的北部，"洪堡海"的右侧，有 3 个完好的具有中央小山的典型大环形山。其中两个分别名为康普顿环形山和法布里环形山。在这三个环形山左侧，可以看见并不比它们小的高斯环形山。

"莫斯科海"的北侧还有两个大环形山，即坎贝尔环形山和达兰贝尔环形山。而位于"莫斯科海"以南的普朗克环形山更大。

位于门捷列夫环形山南侧的齐奥尔科夫斯基环形山，以其发暗的底部和明亮的双层壁而显得十分突出，它的直径是哥白尼环形山的三倍。齐奥尔科夫斯基环形山的东侧是巨大的加加林环形山，其发暗的底部有几个小的环形山。在"理想海"东南的一个无名环形山，也有这样发暗的底，它的壁横贯比邻的莱布尼茨环形山。

阿波罗环形山底部有一块黑斑，这是位于这个环形山内的一个尚未命名的小小的月球"海"。

北极区域是一个极为复杂的区域，许多环形山相互交织在一起，可是在近南极区域可以分辨出两个"超巨环形山"。月球背面某些环形山也有辐射纹。例如，同哥白尼环形山大小相仿的欧姆环形山，以及另外两个无名小环形山，都有辐射纹。

以中国人名命名的环形山

苏联1959年发射的"月球3号"首次拍下月球背面照片，揭示出人们前所未知的月球背面的真相，提供了为月球背面地理实体命名的新机会。1970年，人们对月球背面已经了解得非常清楚，能够对月面地理实体系统地加以命名。国际月面地名命名委员会确定了数以百计的名字来纪念过去以各种方式对科学发展做出贡献的人。

1967年，国际天文学联合会把月球背面5座环形山以中国古代学者的名字命名。它们是石申环形山、张衡环形山、祖冲之环形山、郭守敬环形山和万户环形山。中国人名第一次出现在月球上。

石申是战国中期天文学家，魏国人。他和楚人甘德各自写了一部天文学著作，后人把这两部著作合称为《甘石星经》。这是世界上最早的天文学著作。石申环形山月面坐标是东经104度，北纬76度。

张衡是东汉时期杰出的科学家。他著有我国天文学理论著作《灵宪》，制成了世界上第一架能测定天象的浑天仪和测报地震的地动仪。

张衡环形山月面坐标是东经 112 度、北纬 18.9 度。

祖冲之是南北朝时期卓越的数学家和天文学家。他把圆周率精确地推算到数值在 3.1415926 和 3.1415927 之间，比欧洲人的演算早 1100 多年。他的数学专著《缀术》到唐朝时被定为学校的课本。他创立的《大明历》是中国古代优秀的历法之一。祖冲之环形山月面坐标是东经 145 度，南纬 17 度。

郭守敬是元朝卓越的天文学家、数学家。他进行了规模巨大的"四海测量"，在全国各地设立了 27 个观测站，最北的观测点在西伯利亚，最南的在西沙群岛。他推算得出一年的时间为 365.2425 天，同地球公转周期相差无几。他主持编成的《授时历》，一年的周期与现在相同。另外，郭守敬还创造和改进了 10 多种天文仪器，著名的"简仪"就是他创造的。郭守敬环形山月面坐标是西经 134.7 度、北纬 8 度。

月球背面那座万户环形山，是以中国古代官职"万户"命名的。

西方文献记载，我国明朝有一位万户陶广义，认为人可以利用火箭的推力上天。他在一把椅子后面绑了 47 支当时最大的火箭，自己坐在椅子上，双手举着一个大风筝。他想，火箭同时点燃，就可以把他连同椅子一起送上天，然后自己再利用风筝平稳着陆。可是火箭刚一点火就爆炸了，陶广义为此献出了生命。他被认为是世界上最早尝试利用火箭登天的人。遗憾的是，此事未见我国文献记载，西方文献又把这个人的官职"万户"错当作他的姓名。世界科学家为了在月球背面给第一位为利用火箭登天而献身的人留个纪念，决定把一座环形山命名为"万户"环形山。

1970 年，中国成功发射了人造地球卫星以后，月球正面地理实体命名表上第一次出现了中国人的名字。目前，月球正面和背面共有11个中国的人名和地名。除上述5人外，还有近代天文学家高平子、唐代大诗人李白、神话人物嫦娥以及著名的瓷都景德镇等。

高平子原名均，自号平子，上海人。他潜心研究天文学，曾以精密论证推算出周朝时期北极星的正确位置，引起学术界的高度重视。1926年，他参加首届国际无线电经度联测，为中国取得第一批近代经度值，这是中国天文学家参加国际天文联合观测的开端。1928年，他赴南京筹备天文研究所。1935年，他代表中国天文学会出席在巴黎召开的国际天文学联合会第五届大会。在这次会议上，中国被吸收为国际天文学联合会正式会员。1948年，他来到台湾，担任数学研究所研究员、台湾地区气象所技正等职务。1983年国际天文学联合会第18届大会通过决议：将月球正面东经87.8度、南纬6.7度的一座环形山命名为高平子环形山。

更多的月球之谜尚待解决

月球正面的面貌早已为人类所认识。现在人类也已经看到了月球背面是什么样子。但是，总的说来，月球还是一个很多方面没有为我们所认识的世界。这个奇妙的天体只是刚刚开始拉开一点儿自己的帷幕。至今我们还不能清楚地知道月球是怎样形成的，是在地球附近由气体尘埃云凝缩而成？抑或来自太阳系的其他部分？月球的地质史同样是朦胧不清的。

毫无疑问,正如月球背面图所证实的,内在力量在月貌的形成过程中起了主要的作用。在地质学家编制的现代月球图上,可以看到月壳升降和断裂的痕迹以及月球深部熔岩流出的痕迹。简单地说,这是月球活跃的火山活动和构造过程的痕迹。但是,根据这些远不充分的资料,我们目前还不能编制出一个统一的、严整的演化图,这一点只有将来才能做到。这不仅要靠天文学研究方法来解决,而且在很大的程度上要靠宇宙航行事业的发展才能最后决定。

　　这一代孩子们开始有机会参与揭开这许许多多尚待解决的月球之谜。

十五、人类首次登月的悲壮历程

实现了人类梦寐以求的登月理想

1969 年 7 月 20 日，美国"阿波罗 11 号"宇宙飞船载着 3 名宇航员，首次登上了月球，实现了人类梦寐以求的理想。

1961 年 5 月 25 日，美国总统肯尼迪在议会演讲中说："美国要在60 年代末以前，让人登上月球并安全返回地球。"从此，美国耗资 250亿美元的"阿波罗"登月计划开始了。

"阿波罗"是希腊神话中掌管诗歌和音乐的太阳神的名字，它与月亮女神阿尔忒弥斯是双胞胎。以"阿波罗"作为登月计划的名称，意思是让太阳神飞到月亮女神那儿去相会。"阿波罗"计划的目的是实现载人登月飞行和人对月球的实地考察，并为载人行星飞行和探测进行技术准备。

　　1969 年 7 月 16 日上午,美国在肯尼迪航天中心发射了"阿波罗
11 号"宇宙飞船。7 月 20 日美国东部
时间 16 时 18 分,"阿波罗 11 号"登月
舱的 4 个着陆支架终于安全落在位于
"静海"西南部萨宾环形山以西的月面
上。7 月 20 日美国东部时间 22 时 56
分 20 秒(格林尼治时间 7 月 21 日 2 时
56 分 20 秒),美国宇航员阿姆斯特朗在
月球表面踏下人类的第一个足印。

"阿波罗 11 号"登上月球

　　19 分钟后,"阿波罗 11 号"另一名宇航员奥尔德林离开登月舱,
与阿姆斯特朗会合。

　　在此后 2 小时 40 分中,阿姆斯特朗和奥尔德林实现了人类在月
球上首次漫游,他们展开了太阳能电池阵,安设了月震仪和激光反射
器,采集了月球岩石和土壤的样品,还与美国总统尼克松进行了电视
谈话。

　　7 月 21 日美国东部时间 20 时 54 分,登月舱上升发动机正常启
动,登月舱飞离月面,与绕月轨道上的飞船会合。7 月 25 日飞船安全
返回地面。

　　为纪念人类第一次登月成功的壮举,每年的 7 月 20 日被定为"人
类月球日"。

为准备人类首次登月付出巨大代价

1961年5月，美国总统肯尼迪宣布美国将在10年之内将人送上月球。这对于当时还没有把人送上太空的美国来说是非常困难的。为了解决技术上诸多困难，美国几乎动用了它的所有资源。历时10年的"阿波罗"载人登月计划，有上百个科研机构、120所大学、来自美国与其他80个国家的超过两万家公司参与。有人估计，将近1000万人直接或间接参与了"阿波罗"登月计划。该计划耗资250多亿美元。

当时载人登月飞行的技术还是相对落后的。通信导航系统反应迟钝，在紧急时候，宇航员根本无法与地面联系，只能自己来解决。宇航员只能吃装在"牙膏管"里的膏状饭食。飞船防震系统和防辐射系统也不够完善，宇航员极有可能在太空中遭遇各种射线的危害。微重力问题也没有得到彻底解决，宇航员极有可能发生肌肉萎缩、骨骼硬化，等等。

1961年5月5日，美国宇航员艾伦·谢泼德驾驶美国"水星－红石3号"飞船进行首次载人亚轨道飞行，飞船垂直上升到离地面186千米高度后，再垂直返回地面。美国成为继苏联之后世界上第二个具有载人宇航能力的国家。

1962年2月20日，美国发射载人飞船"水星6号"，宇航员约翰·格伦中校驾驶"水星6号"飞船绕地球飞行3圈，历时4小时55分23秒，在大西洋海面安全返回。格伦因此成为美国第一个进入地球卫星轨道的人。

1967 年 1 月 27 日，美国"阿波罗 1 号"飞船在发射台上进行登月飞船的地面试验。飞船内坐着曾参加过"水星号""双子星座号"飞船飞行的格里森上校、美国第一个完成舱外活动的怀特中校和第一次准备参加太空飞行的查菲少校。忽然，充满纯氧的座舱起火爆炸，3名宇航员不幸遇难。这是为实现"阿波罗"登月计划付出的生命的代价。

此后，"阿波罗"登月计划继续进行。

在"阿波罗"登月计划中，"阿波罗"1 号到 10 号的飞行，专门为登上月球做准备。其中 1 到 3 号是试验飞船，4 到 6 号是无人飞船，7 号飞船载人绕地球飞行，8 到 10 号载人绕月飞行。11 号开始载人登月。

"阿波罗 11 号" 登月举世瞩目

"阿波罗 11 号"飞船中，留在绕月轨道上的指令／服务舱被命名为"哥伦比亚号"。这个名称是"阿波罗 11 号"飞船指令长尼尔·阿姆斯特朗提出的建议。原因是法国科幻作家儒勒·凡尔纳写过一本科幻小说《从地球到月球》，在这本家喻户晓的书中，登月飞船就采用了"哥伦比亚"这个名称。"阿波罗 11 号"登月舱则命名为"鹰号"。所以，"阿波罗 11 号"飞船可分为"哥伦比亚号"和"鹰号"两部分。

"阿波罗 11 号"的发射定在 1969 年 7 月 16 日。

这一天，美国佛罗里达州肯尼迪航天中心天气晴朗，气温很高。

人类第一次登月壮举引起全世界关注，吸引了大批观众。亲临发射现场的观众达百万人之多，其中有新闻记者5000人，还有200名国会议员，60名各国外交官，40位市长以及19名政府官员，包括美国副总统阿格纽。尼克松总统在白宫的椭圆形办公室了解了发射情况并向宇航员发来了祝词。美国电视做了实况播映，许多国家电视台做了及时转播。全世界约有创纪录的6亿人观看了发射的现场直播。

高110.6米(相当于40层楼房高)、总重2930吨、运载能力为127吨的大推力"土星5号"运载火箭静静地矗立在地面上。7月16日美国东部时间9时32分，格林尼治标准时间13时32分，"土星5号"火箭伴随着巨大的声响，担负着人类首次登上月球的使命，带着"阿波罗11号"离开地面上升。

"阿波罗11号"本身装有主火箭发动机。当"阿波罗11号"接近月球时，火箭发动机能使"阿波罗11号"减速进入绕月轨道。而且，"阿波罗11号"的一部分——装有小火箭发动机的登月舱能脱离登月飞船，载着宇航员登上月球，并返回绕月轨道与"阿波罗11号"指令/服务舱结合。

火箭自地面发射后2小时24分，负责控制宇宙飞船飞行的美国得克萨斯州休斯敦宇航中心，向"阿波罗11号"发出向月球方向进发的命令。7月20日中午时分，指令长阿姆斯特朗和登月舱驾驶员奥尔德林告别科林斯，进入登月舱，准备登月。在绕月球飞行过程中，登月舱"鹰号"的发动机在飞船发射后102小时33分点火减速，喷射时间为30秒。此后，登月舱速度不断降低，轨道和姿态不断调整，使之呈直立状态。就这样，登月舱"鹰号"以抛物线轨迹缓慢地在月球

"静海"区安全降落。登月舱"鹰号"月面着陆的时间是飞船起飞后102 小时 45 分 43 秒（即 4 天 6 小时 45 分 43 秒），地面时间是美国东部时间 7 月 20 日 16 时 17 分 42 秒，格林尼治时间 20 时 42 分。

"阿波罗 11 号"起飞前 4 小时出现燃料泄漏

"阿波罗 11 号"的登月征程并非一帆风顺，而是充满了艰难险阻，几乎功败垂成。

1969 年 7 月 16 日，起飞前 4 小时，"阿波罗 11 号"的机组成员在为第一次登月行动做准备。

机组成员是指令长尼尔·阿姆斯特朗、巴斯·奥尔德林和麦克·科林斯。他们正在吃起飞前的最后一顿早餐时，"阿波罗 11 号"的运载火箭——"土星 5 号"火箭发生故障，出现了燃料泄漏。发射平台上，技术人员正在紧急抢修。

时间慢慢流逝，技术人员似乎用特殊的活动扳手解决了液氢燃料泄漏的问题。美国宇航局决定准许"阿波罗 11 号"按预定时刻发射升空。宇航员最后得到通知，如果燃料泄漏导致引擎在点火的时候失效，他们的座舱将会被弹射到远离火箭的安全地点。

事实上，在登月计划实施的前一年，在美国宇航局几位官员看到的备忘录中，并没有写着什么逃生计划。备忘录表明，在起飞后的最初两分半钟里，如果出现问题，地面人员将无法挽救宇航员们的生命。然而宇航员们对此是一无所知的。

宇航员飞行途中同地面密切联系

3 位宇航员在"阿波罗 11 号"起飞后同地面保持着密切联系,经常和地面指挥人员进行无线电通话。每当宇航员吃饭的时候,地面的人就给他们读报纸上的新闻,同时,他们也把自己的感受告诉地面人员。科林斯描述了从飞船上见到的情景,他说:"地球太美了,美极了!"

起飞后的第三天下午,"阿波罗 11 号"飞到了月球的背面,飞船与指挥中心的联络立即中断,当飞船"看不到"地球的时候,就不能进行任何无线电通信了。

忽然,地面指挥中心传来奥尔德林那镇定的声音,飞船安全进入了围绕月球的等待轨道。宇航员们第一次在近处看到了月面。他们欣喜地眺望窗外,向地球上的人们描述见到的情景。阿姆斯特朗报告说:"月面呈深浅不同的灰色。"

奔月途中的手动操作

重要而复杂的机动飞行——轨道转移和对接即将开始。科林斯作为指令 / 服务舱"哥伦比亚号"驾驶员,将负责轨道转移和对接。

首先,科林斯使"哥伦比亚号"与"土星"火箭的末级火箭分离。这一级火箭设有登月转接器,登月舱"鹰号"就装置在转接器内。科林斯说,登月舱"放在土星火箭顶部的转接器里,就像一个机械毒蜘蛛蹲伏在它的洞里一样"。

"哥伦比亚号"与"土星"火箭和登月舱脱离后,科林斯便利用一个小型游动发动机,驾驶"哥伦比亚号"飞离"土星"火箭大约23米,并调转180度,以便其头部与"土星"火箭上的登月舱相对。

然后,科林斯熟练地操作游动发动机的把手,不断向前移动"哥伦比亚号",直到它的销钉插入"鹰号"登月舱顶部的一个锥孔,实现了对接。科林斯把"哥伦比亚号"的销钉轻轻推入登月舱锥孔时产生了一点儿轻微的碰撞,两个飞行器随后自动锁紧,完成对接。在这一过程中,"哥伦比亚号"与"土星"火箭正在以3200千米/时以上的速度向同一方向飞行,操作是很不容易的。

宇航员要依靠"哥伦比亚号"的发动机(辅助推进系统),以及地球、太阳和月球的引力作用,到达月球并返回。

一轮明月变成巨大星球

7月19日清晨,飞船飞越了离地球32.7万千米处地球与月球的引力平衡区以后,"哥伦比亚号"的速度由于月球的引力作用而明显加快,飞船实际上正在向月球降落。从窗口望去,月球每分钟都在变大。

科林斯后来写道:"我一生中所了解的月球,那个平面的、出现在天空的一轮明月消失了,在我眼前出现的是我所见过的最可畏的星球……它是如此巨大,完全挡住了我们窗外的视线。"

宇航员们为"哥伦比亚号"发动机的下一次重要点火做好了准备——射入"月球轨道1"。射入"月球轨道1"实际上是一次刹车,或者用科林斯的话来说是"一个减速过程",以便飞船进入月球轨道。启动射入"月球轨道1"的时间必须精确,如果发动机点火时间过长,飞船会因速度过慢而受到月球的吸引,撞击月面。但如果飞行中启动射入"月球轨道1"的时间过短,飞船就不会按预定计划减速,从而将飞越月球,永远不能进入月球轨道。

"阿波罗11号"射入"月球轨道1"的过程近于完美。"那是一次漂亮的启动",阿姆斯特朗向飞行控制中心报告。接着是射入"月球轨道2"的启动,这次启动使"哥伦比亚号"降低了高度,在96千米的高度进入绕月球飞行轨道。3位宇航员在一圈圈的绕月飞行中,对月球表面进行了仔细观察。他们特别查看了登月舱在"静海"的预选登陆点。"哥伦比亚号"继续绕月飞行,宇航员们则开始进入梦乡。明天就要登月了。

登月舱向月面降落时计算机忽然失灵

1969年7月20日,人类历史上又一个难忘的日子,阿姆斯特朗和奥尔德林就要进行人类登月的首次尝试。

这天美国东部时间7时2分(格林尼治时间11时2分),地面控制中心叫醒三位宇航员。他们随即开始登月前的准备工作。按照预定的"月球轨道交会"计划,科林斯将单独驾驶"哥伦比亚号"在环绕月球的轨道上继续绕月飞行,等待"鹰号"从月面重新起飞后与"鹰号"对接。而指令长阿姆斯特朗和登月舱驾驶员奥尔德林将乘坐登月舱"鹰号"在月球着陆。他们俩爬进了登月舱。分离之前,阿姆斯特朗和奥尔德林幽默地向科林斯话别:"喂,我们要走了,很快就会回来。等着我们,别离开。"科林斯笑着祝他们好运。阿姆斯特朗和奥尔德林用食指和中指打了一个V字形手势,意思是"胜利"和"成功",然后他们通过连接通道进入了登月舱"鹰号"。

按照休斯敦指挥中心的命令,宇航员将"鹰号"和"哥伦比亚号"分离开来。7月20日美国东部时间13时46分(格林尼治时间17时46分),当"阿波罗号"飞船进行第12圈环月飞行时,"鹰号"与"哥伦比亚号"分离。阿姆斯特朗兴奋地向地球报告:"'雄鹰'已展翅了!"两名宇航员又向科林斯喊道:"再见,后会有期!"美国东部时间13时46分,"鹰号"和"哥伦比亚号"成功地分离。

登月舱"鹰号"脱离"哥伦比亚号"以后,他们将分别与地面联系。

登月的关键时刻到了,成败在此一举。当时,位于休斯敦指挥中心的所有美国宇航局工作人员,以及全世界收看电视的6亿多观众和收听广播的十几亿听众都把心提到了嗓子眼儿。

"鹰号"脱离"哥伦比亚号"后开始下降,降到离月面16千米的位置后,开始绕月飞行,这是第一阶段。这个阶段对两位宇航员来说,不算太危险,如果出了麻烦,"哥伦比亚号"会降下来营救他们。如果再次按下电钮,点燃下降发动机以后,再发生任何问题,人们对他们就爱莫能助了。

两位宇航员义无反顾地按动了电钮,点燃了下降发动机。"鹰号"

逸出圆形轨道,沿着曲线航道向月面靠近。

当登月舱向月面降落时,可怕的事情差一点就要发生了。但他们最终胜利了。

就在"鹰号"下降到距离月面9000米时,登月舱计算机的警报灯突然亮起来,这表明计算机出现了故障,它却没有显示出故障的数字符号,这说明故障是预先没有想到的。与此同时,阿姆斯特朗和地面控制中心都意识到,预定的"鹰号"登月轨道是不正确的。在休斯敦宇航中心,个别控制人员已紧张到了极点,尤其是制造这套计算机厂家的技术人员更是如坐针毡,他们忐忑不安地祈祷上帝保佑。飞行控制指挥官史蒂夫·贝尔斯面临着一个关键的、必须刹那间做出的抉择:是终止登月计划(这也意味着终止整个飞行计划,因为飞行器上的燃料仅够进行一次尝试),还是命令宇航员不要理会登月舱计算机出现的问题,继续按照计划行动。贝尔斯后来承认,他是"凭着直觉"允许阿姆斯特朗继续按照计划行动的。

继续按照计划行动,这正是阿姆斯特朗和奥尔德林所期望听到的命令。关键时刻,两名宇航员表现出特有的沉着和冷静。他们一面不断用"沉着、沉着"的喊话互相鼓励,一面想方设法找出故障的原因。与此同时,临危不乱的休斯敦指挥人员也在帮助他们分析。依靠丰富的经验和学识,在短短的几秒钟内,他们马上判断出故障很可能是计算机过载造成的,于是果断地做出一个大胆的决定:不用理会警报,继续降落!

事实证明,他们的决定是正确的,计算机的警报灯过了一会儿就熄灭了。这次警报是因为要求计算机马上处理的事情太多,从而出现了"指令溢出"，并不会造成严重后果。宇航员和地面人员度过了第一场虚惊。

手动控制正确选择登月点

阿姆斯特朗重新开始注意窗外之后，发现自动寻找目标的装置正把登月舱带进一个足球场大小，且充满巨大圆形石头的坑穴里去。他们正处在一块岩石和一片硬地之间。计算机失灵导致他们多飞了 4 秒，飞过了预选着陆点，而燃料也很快就要耗尽了。此时，阿姆斯特朗选择了手动控制登月舱。他赶快抓紧操纵杆，调整登月舱的飞行位置，花了 19 秒钟才找到一个平整的地点。然后，这艘小船慢慢地减缓速度降落，燃料开始耗尽。登月舱位于月面上空大约 9 米，所剩燃料仅够用 30 秒钟。

登月舱不断下降，阿姆斯特朗迅速冷静地在遍布砾石和撞击坑的月面找到一处适合着陆的地方，决定在那里着陆。他们把速度降到 1 米／秒，登月舱开始徐徐降落下去。这又是一个生死关头——登月舱必须轻轻地以精确的角度着陆，稍有偏差，就可能折断一只着陆脚，登月舱就会侧向一面，那么他们就无法从月球上重新起飞。

舱内的一盏绿灯忽然亮了，奥尔德林叫道："接触了！"阿姆斯特朗立即关闭了发动机，登月舱轻轻地降落在月面上。

阿姆斯特朗和奥尔德林相互看了一眼，会心地笑了起来。飞行控制中心内鸦雀无声，大家都在静静地等待和收听。终于，他们通过无线电听到了阿姆斯特朗的声音："休斯敦,这里是'静海'基地。'鹰号'着陆成功。"飞行控制中心顿时爆发出一阵热烈的欢呼声。在全世界各个角落焦急地等待着的人们都深深地呼出了一口气。这是一个伟大的时刻,人类登上月球的梦想终于实现了。

在登月舱里,阿姆斯特朗和奥尔德林把手伸过仪表盘,默默地握了一下。

这一刻时间是 1969 年 7 月 20 日美国东部时间 16 时 17 分 43 秒(格林尼治时间 20 时 17 分 43 秒)。

个人一小步,人类一大步

两位宇航员向窗外眺望,映入眼帘的是一个遍布撞击坑和大石块的陌生世界。虽然他俩都想尽快走出去看一下这块神秘的月面大地,但还是自我克制地按预定计划等待地面中心指令。他们先在舱内美美地睡了一大觉,醒后在舱内吃了在月球上的第一顿饭,又检查了舱内仪器、燃料装置、氧气供应情况。当一切都经过精确无误地核对后,阿姆斯特朗与奥尔德林帮助彼此穿上了极笨重的月面活动服,保护自己免受太阳辐射和可能遇上的病毒或细菌的侵害。

登月 6 小时以后,两位宇航员打开登月舱舱门。天空黑沉沉,月面上却阳光灿烂。阿姆斯特朗极力想发现一点儿活动着的东西,或者一些低等的生物。但是没有,这里没有飞鸟,没有昆虫,没有苔藓、地衣,月面铺着薄薄的一层纤细的尘埃,遍地是尘土、岩石。

第一个踏上月面的是阿姆斯特朗。阿姆斯特朗首先走上舱门平台，凝视陌生的月球世界几分钟后，阿姆斯特朗背朝外，挪动右脚，一步三停地从9级的梯子上慢慢下去。在第二级阶梯上他拉了一根绳子，打开了电视照相机的镜头，让6亿电视观众能看到他小心地下降到荒凉的月球表面上去。

从电视屏幕上可以看到，漆黑的太空和白光闪闪的月面映在画面上半部，左侧往下是登月舱的黑影。以黑影为背景，穿着笨重的白色月面活动服的阿姆斯特朗沿扶梯一步一步走下来，身姿就像一幅剪影。下扶梯很困难，在没有空气的情况下，他的手和脚全都失去了触觉，连扶梯的梯级都感觉不到。足足走了20分钟，他才走到了最低一级。稍停片刻，他的左脚小心翼翼地触及月面，而右脚仍然停留在梯子上。当他发现左脚陷入月面很少时，才鼓起勇气将右脚踏上月面。"鹰号"登月舱降落月面6个半小时以后，1969年7月20日美国东部时间22时56分20秒（格林尼治时间7月21日2时56分20秒），阿姆斯特朗在月球表面踏下了人类的第一个足印。

阿姆斯特朗登上月面前的时刻，人们都很好奇地希望了解他会说些什么。此前，热心的美国老百姓向他提出过各种各样的建议：喊爱国口号，念一段《圣经》，诵一段莎士比亚。大家都等着他开口。就在他双脚踏上月面的瞬间，他通过无线电向远在38万千米的地球观众说出了在月球上面的第一句话："这是我个人的一小步，却是全人类的一大步。"这一步从地球迈到了月球，是38万千米的一步啊！这句话很快成了一句名言，成为人类首次登上月球的象征。人类在月球上的第一个足迹印在了"静海"的西南部，坐标是北纬0度41分，东经

尼尔·阿姆斯特朗

23 度 26 分,这个地点后来被称作"静海"基地。

阿姆斯特朗蹒跚地在月面上走来走去。他说:"月球表面是纤细的粉末状的,它像木炭粉似的一层一层地沾满了我的鞋底和鞋帮。我一步踩下去,并不深,但我能在细沙似的地面上看出自己的脚印来。"

19 分钟后,"阿波罗 11 号"另一名宇航员奥尔德林离开登月舱,与阿姆斯特朗会合。奥尔德林情不自禁地说:"美啊,美啊,壮丽的凄凉景色。"

由于月球引力只有地球引力的 1 / 6,阿姆斯特朗和奥尔德林在月面上几乎处于失重状态,缺乏平衡感,不知道自己的脚会把他们带到哪里。他们虽然穿上了笨重的月面活动服,背着沉重的背囊,但走起路来轻松自如,甚至可以像袋鼠那样跳跃式前进。他们发现月面坚实可靠,抬起脚,可以看见在尘土上留下的浅浅脚印,脚印只有几毫米深。他们拣起几块小石子,扔出去,石子像球一样"蹦"到空中。

在此后的 2 小时 40 分中,阿姆斯特朗和奥尔德林实现了人类在月球上首次漫游,并进行了紧张的工作。

宇航员在月面紧张工作

"阿波罗 11 号"登月舱"鹰号"的着陆点,位于"静海"南部萨宾环形山西南,月面坐标东经 23 度 26 分、北纬 0 度 41 分 15 秒的地点。阿姆斯特朗和奥尔德林在月面总共停留了 21 小时 36 分 17 秒,在舱外活动 2 小时 40 分。

奥尔德林从登月舱的一只箱子里取出带三脚架的电视摄像机，拉开 30 米长的软线，安装到月面上。在安装之前，他用摄像机围绕降落点周围拍摄了一圈，然后将画面设定在固定位置上，登月舱在画面中央偏左一点。当摄像机固定后，他进入画面中间，把一面像铝箔包裹的旗帜一样的太阳风测量装置立在登月舱前。然后他们两人拿出尼龙绸做的美国国旗，插在月面上。他们还存放了一个盛有 76 国领导人拍来的电报的容器和一块不锈钢饰板，上面标着下列字样："来自行星地球的人于公元 1969 年 7 月第一次在这里踏上月球。我们是代表全人类和平来到这里的。"

接下来的一项重要工作是采集月球样品。他们两人相互配合，将有代表性的或有趣的土壤和岩石标本一块块装进袋中，然后再装进样品收集箱内。采集的标本有月球表面的，也有土壤下面的，采集的方法是将一根管子打到表层下，采出里面的标本。

接下来，他们在登月舱前方安装几种观测仪器，摆出一长条金属箔来收集太阳粒子，安装月震仪来记录月球震动，还架起了激光反射器。

他们还测量了他们月面活动服外面的温度：阳光下是 112℃，比地面上开水的温度还要高；阴处是－137℃，比地面上最冷的地方还要冷得多。

由于宇航员携带的月面活动保障系统内的氧气有限，所以预定的 2 小时 40 分钟月面活动时间临近结束时，休斯敦宇航中心下令他们返回登月舱内，并嘱咐他们一定要将标本、摄像机录像带、胶卷盒等带回登月舱。他们收集到的土壤和岩石标本共有 22 千克重。

阿姆斯特朗和奥尔德林爬回登月舱"鹰号"后,盖紧舱盖,重新放出氧气,然后他们脱掉月面活动服,换上了舱内宇航服,在检查完舱内的各种装置后,再打开舱门,将月面活动服连同舱外作业时使用的背包、绳索等工具扔到月球上。首次月球探险活动结束了,这时两位宇航员已感到筋疲力尽,剩下的时间是用餐,美美地睡上一觉。

起飞的时间到了。7月21日美国东部时间13时15分(格林尼治时间17时15分),登月舱"鹰号"从月面起飞,飞离月球。登月舱上升发动机正常启动,它以登月舱下降段作为起飞平台,推动上升段徐徐离开月球。当天美国东部时间17时35分(格林尼治时间21时35分)登月舱"鹰号"与"哥伦比亚号"会合,成功地实现了对接,又组成了一个整体——"阿波罗11号"飞船,继续进行绕月飞行。当宇航员成功地进入指令舱后,登月舱的上升段就被丢弃了。

7月22日美国东部时间14时30分(格林尼治时间18时30分),指令/服务舱"哥伦比亚号"发动机启动,把飞船推离月球轨道,飞船踏上返回地球的旅途。飞行途中,他们将登月舱和服务舱先后抛弃在太空中。登月舱和服务舱最后将坠毁在月面上。宇航员们通过电视向地球发送一幅从遥远的月球附近拍摄的地球本身的照片。奥尔德林说:"坐在这里看着地球变得越来越大而月球变得越来越小,这情景多美啊!"

7月23日美国东部时间15时56分(格林尼治时间19时56分)飞船到达月球与地球引力平衡区。之后在地球引力作用下,飞船越来越快地飞向地球,似乎迫不及待地要返回故土。

平安归来

7 月 24 日美国东部时间 12 时 50 分 22 秒（格林尼治时间 16 时 50 分 22 秒），"阿波罗 11 号"溅落在夏威夷西南太平洋海面。回到地球的时间只比预定时间晚 10 秒。整个飞行历时 8 天 3 小时 17 分 22 秒。飞船行程 80 万千米，其中绕月飞行 30 圈。

当阿姆斯特朗"我们已溅落"的声音传到美国休斯敦地面指挥控制中心时，工作人员全体起立，许多人激动得热泪盈眶，雷鸣般的掌声久久不息。控制中心那块 8 天中一直显示着月球轨道的大型屏幕，改为显示美国总统肯尼迪那段著名的登月宣言。而右边那块一直在显示"阿波罗 11 号"飞行路线的屏幕，此刻出现了几个简短的字："1969 年 7 月，任务已完成。"

为了打捞 3 位宇航员，美国派出了将近 7000 名海军人员以及包括"大黄蜂号"航空母舰在内的 9 艘舰船、54 架飞机。"阿波罗 11 号"凯旋之日，美国总统尼克松亲自来到主打捞舰"大黄蜂号"航空母舰上迎接首批登月的人类使者。3 位宇航员来到"大黄蜂号"航空母舰时，舰上的乐队吹奏起了《哥伦比亚，你是海上明珠》。"大黄蜂号"上立即举行了尼克松总统亲自参加的欢迎仪式。

"阿波罗 11 号"胜利归来后，美国全国举行了声势浩大的庆祝活动。在整个美国和许多外国城市，教堂钟声四起，汽笛长鸣，汽车都按响了喇叭，欢迎 3 位宇航员归来。当天，世界上有 49 个国家的约 6

亿人坐在电视机前注视着"阿波罗11号"的返航,另外还有十几亿人在收音机旁收听了实况转播。

美国"阿波罗11号"飞船登月发生在我国"文化大革命"期间,当时,我国公开媒体已经完全封锁了对国外科技新闻的报道。中美尚未建交,我国媒体对"阿波罗11号"不做公开报道。但是,这毕竟是全人类的大事,内部刊物《参考资料》和发行量高达50多万份的《参考消息》及时对"阿波罗11号"进行了全程追踪报道。我国公众通过这些报道,及时地了解了这一重大科技事件的方方面面。孩子们也从大人那里知道了许多情况。

在"阿波罗11号"登月飞行前,在美国曾经畅销过一本科幻小说,书名叫《比拉流星菌种》。内容是说宇航员如何从太空带回一种可怕的病菌并肆虐全人类。在这种背景下,美国生物学家怀疑月球上会有什么病毒或细菌,于是美国国家科学院对从月球返回的宇航员及其物品制订了严格的隔离措施。7月24日中午,飞船指令舱溅落在太平洋上。"大黄蜂号"航空母舰正在20千米外等待着,舰上两架直升机飞往溅落区域,把潜水员投入海中。他们游向指令舱,给它围上一个巨大的橡皮圈,使它浮出海面。一个潜水员打开舱门,把防菌衣递给宇航员。三名宇航员穿好防菌衣,爬出指令舱,坐在一只橡皮艇中等待着。不一会儿,一架直升机把他们运到"大黄蜂号"航空母舰上,并立即送入活动隔离车。在举行欢迎仪式时,尼克松总统只得用扩音器在一米之外对他们致欢迎词。此后,他们便像古代麻风病人那样被送往休斯敦接受严格的隔离检疫。所带回的月球样品,乃至飞船指令舱都被放进一个造价900万美元的"月球返回接待实验室"。检查结果是没发现任何病菌或芽孢。

后来,科学家对"阿波罗 11 号"带回的月球岩石和土壤进行了分析,取得了一些成果,包括月球年龄、月球结构等方面的新成果。他们认为,月球和地球在地质上极其相似,月球和地球可能有共同的祖先;月球过去火山活动活跃,现在仍可能有活火山;月球岩石化学成分与地球岩石不同,钛、铬和其他高熔点元素很多;月球土壤是在温度剧变的热胀冷缩和陨星冲击下形成的;月面有大量微小玻璃珠,是陨星撞击物质蒸发冷却形成的。他们发现,月球上没有任何微生物,历史上也不曾有过微生物。

尼克松总统拟好了悼词

在观众的眼中,当阿姆斯特朗开始采集月球表面的尘埃和石块的时候,奥尔德林却在月面上怪异地跑来跑去,其实他是在对人在月球上的行动进行试验。

奥尔德林正在四下活动的时候,忽然接到了一个历史上距离最远的长途电话,那是美国总统尼克松从白宫打来的。

"请讲,总统阁下,休斯敦,完毕。"

"你们好,尼尔和巴斯。我是从白宫的总统办公室给你们打电话。"

这是让尼克松骄傲的一天,但他也担心,宇航员活着离开月球的机会究竟有多大。

登月舱只有一个动力装置,只有保证它顺利完成点火,宇航员们才能离开月球。在早期的测试中,动力装置曾出现过很多问题。以往测试的结果是，发动机点火只有50%的成功率。如果出于某种原因，上升动力装置失效，地球控制中心将没有任何办法挽救宇航员，他们将永远留在月球上，再也不会回到地球来。

尼克松总统对宇航员可能被困月球的情况非常担心，他的副手已拟好了一份准备向全球广播的纪念性讲话。这份机密文件在政府档案中保存了30多年以后公之于众。这份纪念性讲话说："命运注定这些和平探索月球的人，永远安息在月球上。我们的两位勇士尼尔·阿姆斯特朗和巴斯·奥尔德林知道，他们没有生还的希望，不过他们……"

差点留在月球上

尼克松总统的担心，差一点就成了可怕的现实。他准备好的悼词差一点成了谶语。

登月舱"鹰号"登上月面以后，如果发生了意外，不能够从月面起飞的话，科林斯就只能独自一人踏上漫漫的归途。

就在宇航员阿姆斯特朗和奥尔德林完成了两小时的月面行走后，他们在月球表面发现了一个让他们震惊的物品。就在周围的一处尘埃里，他们发现了一件完全不应该出现在那儿的东西——一个电路铡刀断裂的头。

由于登月舱环境拥挤，臃肿的宇航服刮断了启动动力装置极为关键的一个电路开关。如果要让动力装置启动，保证登月舱顺利升空并且把他们带回家，他们就必须把开关推进去。

休斯敦控制中心根本无能为力，只能由宇航员自己使用飞船上仅有的工具来想办法解决。

奥尔德林至今仍珍藏着挽救了他们生命的那件日常用品："我用了我们带上登月舱的一支圆珠笔，把开关合上了。"奥尔德林的笔接好了电路，阿姆斯特朗启动登月舱，"鹰号"启动了。奥尔德林的机智应变让他们避免了永远留在月球上的命运。

节目中还披露，美国政府以为"阿波罗11号"飞船的"鹰号"登月舱顺利返回的希望渺茫，命令国家宇航局，一旦灾难即将降临，就切断与宇航员的联系，以免让全世界看到美国宇航员遇难的情景。

留下人类首次直接在月面活动的印迹

阿姆斯特朗那个鼎鼎有名的大脚印，以及奥尔德林留在月面的脚印，都安然无恙地留在月球上。

此外，人类首次直接在月面活动留下的印迹，还有不少。

人类在月面第一个足迹

他们在月面存放了一个盛有76国领导人拍来的电报的容器和一块长22.5厘米、宽19厘米的不锈钢纪念牌。纪念牌上面镌刻着地球东西半球的平面图，以及由美国总统尼克松和阿姆斯特朗、奥尔德林共同署名的一段文字。

阿姆斯特朗和奥尔德林从登月舱拿出的尼龙绸做的美国国旗，

也永远地插在月面上。因为国旗被镶嵌在金属丝框里，所以即使在没有风的月球上，国旗也仿佛在猎猎飘扬。

两位宇航员在月面上架起了三项科学实验装置。一台月震仪，一个激光反射器，这两样东西被永久地留在月球上，供地面的科学家研究月球。月震仪将把月球内部的任何震荡通过电波传向地球；激光反射器将把光束反射到地球，使科学家借此光束测出地球和月球之间距离的细微变化。第三项是捕捉来自太阳的粒子的设备，它被带回地球，供科学家分析。

两位宇航员爬回登月舱后，把自己的月面活动服、背包、工具以及其他不必要的东西扔出舱外，留在月面上。

"鹰号"起飞时，把它的底部、支脚和钢板也都留在了月球上。

据估计，登月舱"鹰号"留在月面上的物品，总价值约8000万美元。除了价值4100万美元的下降段之外，月面上还留下了价值2500万美元的核动力科学实验站，每套30万美元的月面活动服两套，每双4000美元的套鞋两双，三架价值70000美元的摄影机以及其他杂物。

若干年后，经过人类向月球大量移民，月球成为繁荣的新世界以后，月球居民也许会把人类首次直接在月面活动留下的这些印迹，列入《月球文化遗产名录》加以保护呢！月球居民也许会领着自己的孩子前来凭吊，讲述人类向月球进军的悲壮、艰苦历程，向孩子们进行爱月球的传统教育。

十六、前赴后继飞向月球

人类已有12人先后乘6艘宇宙飞船登上月面

在"阿波罗11号"乘载3位宇航员登月以后，又有5艘"阿波罗号"飞船成功完成登月任务。这6艘"阿波罗号"飞船，共乘载18名宇航员参加登月活动，其中共有12名宇航员分6批成功登上月面。

1969年11月至1972年12月，美国又陆续发射了"阿波罗"12号至17号飞船。

1970年4月11日发射的"阿波罗13号"飞船，在起飞55小时55分钟后，服务舱2号氧贮箱爆炸，导致无法正常供电、供水、处理二氧化碳、保持舱内温度，宇航员面临无法返回地球的危险。但是，在地面控制中心的正确决策和指挥下，3名宇航员逐一解决了面临的难题,最终利用登月舱发动机成功返回地球,创造了人类宇航史上的伟大奇迹。

6艘成功登月飞船上的12名宇航员,在月面开展了一系列实地考察工作,包括采集月球土壤和岩石标本,在月面建立核动力科学站,驾驶月球车试验等。

"阿波罗12号"从绕月轨道上将登月舱的上升段射向月面,进行了人工陨石撞击月球试验,引起月震达55分钟。

驾月球车在月面活动的是"阿波罗"15、16、17号飞船的宇航员。月球车扩大了宇航员的活动范围,减少了宇航员的体力消耗。他们在月球上钻取了3米的月球岩芯,发现月岩多达57层,每层代表一次陨石冲击。他们还测量了月球内部发出的热流。"阿波罗"15、16号从绕月轨道上各发射了一个环月运行的科学卫星。

12位宇航员在月面上停留的时间总计达302小时20分钟,外出到月面活动的时间为80小时14分,行程90.6千米。人类亲自登上月面进行实地考察,获得了丰硕的成果。12位宇航员从月面不同区域采集的月岩和月土的样本总数为2196份,总重量达382千克,实地拍摄了15千米的月球全景摄影软片和测地摄影软片,在月球上安装了5套科学仪器,初步揭开了月球的真实面貌。

"阿波罗"计划使载人登月的千年梦想变成了现实。它在月球探测方面取得了丰硕的科学研究成果,使人类第一次对我们居住的地球之外的天体有了比较系统的了解。"阿波罗"计划被认为是世界宇航史上一项具有划时代意义的成就。它体现了人类的探索精神和克服一切困难的勇气,被认为是20世纪最伟大的创举。

1969 年 7 月，苏联为载人登月计划研制的N1 重型运载火箭从拜科努尔航天发射场起飞 66 秒后炸毁。到 1972 年，N1 火箭 4 次试验发射都以失败告终，苏联终止了载人登月计划。

到今天，全世界进行过月球探测的国家和地区有美国、苏联——俄罗斯、欧洲、中国、日本和印度。2019 年 1 月 3 日，中国"嫦娥四号"月球探测器着陆月背，实现了人类首次月球背面软着陆和巡视探测。

在月球上做伽利略比萨斜塔自由落体实验

许多孩子在学校上物理课都读到过这样一个故事。

2000 多年前，古希腊哲学家、科学家亚里士多德认为：不同重量的物体，从高处下降的速度与重量成正比，重的一定比轻的先落地。

1564 年出生在意大利比萨城的物理学家伽利略，对亚里士多德这一观点提出挑战。伽利略认为：轻重不同的物体，如果受空气的阻力相同，从同一高处下落，应该同时落地。他的见解遭到比萨大学许多教授的强烈反对。他们讥笑说："除了傻瓜，没有人相信一根羽毛同一个炮弹能以同样的速度下降。"伽利略决定在比萨斜塔上做实验，用事实来证明自己的观点。

1590 年的一天清晨，镇上的市民和学生们，聚集在比萨斜塔下。比萨大学的教授们来到比萨斜塔前，准备看伽利略当众出丑。伽利略和他的助手在众人的阵阵嘘声中，登上了比萨斜塔。伽利略一只手拿一个 10 磅重的铅球，另一只手拿着一个 1 磅重的铅球。他大声说道："下面的人看清，铅球下来了！"说完，两手同时松开，把两只铅球同时从塔上抛下。奇迹出现了，由塔上同时自然下落的两只铅球，同时穿过空中，轻的和重的同时落在地上。伽利略以不可置辩的事实证明：物体下落的速度与物体的重量无关。这次著名的比萨斜塔实验，第一次动摇了亚里士多德在物理学中长期占据的统治地位。后来，伽利略又通过计算，得出了自由落体定律。

1971年7月26日，美国"阿波罗15号"飞船发射升空。乘员是指令长斯科特、指令舱驾驶员沃尔登、登月舱驾驶员艾尔文。7月31日，斯科特和艾尔文乘坐登月舱在月面软着陆。登月舱降落在"雨海"边沿4000米高的亚平宁山脉和深达366米的哈德利溪之间，这里地形非常复杂。

斯科特在月面活动期间，做了一个有趣的"伽利略试验"。他让一个榔头和一根羽毛同时从空中落下，结果，它们同时落地。

在地球上，由于空气的阻力，一根羽毛同一个炮弹不可能以完全相同的速度下降。肯定是炮弹先落地，羽毛落地所需的时间要长一些。地球上没有大范围的真空环境，没法进行比萨大学教授们提出的羽毛同炮弹同时抛落的实验。没想到斯科特在月球上完成了这项实验。月面没有空气，当然也就没有空气的阻力，因此，羽毛就同榔头同时落地了。斯科特在实验后说，"伽利略的发现是正确的。"

"阿波罗15号"实现了人类第四次登月。

此次登月使用了电动四轮驱动月球车"巡行者1号"。这是有人驾驶的带动力的车辆第一次来到月面上。它扩大了宇航员的活动范围，使月球勘探范围扩大了许多。宇航员乘坐"巡行者1号"外出3

次，时间总计 10 小时 36 分，行程 27.9 千米。他们采集了 6.6 千克的物资，在哈德利溪采集到了 46 亿年前的月岩标本。

这次登月的主要任务是对月球高山、峡谷和火山口进行考察，并安放科学仪器。

宇航员们带到月面的科学设备数量比之前增加了许多。他们首次携带轨道感应器，装置了核动力科学实验站。他们在月球上放置的科学仪器，与此前月球探测器遗留的科学仪器一起，最终构成了一个月球物理学网站，用来对月球内部构造进行破解。

他们穿的太空服是经过改进的，增加了机动性，因而宇航员可以在月球上停留更长的时间。斯科特和艾尔文在月球表面停留了 66.9 小时。"阿波罗 15 号"在绕月球轨道上飞行了 74 圈，145 小时。在月球轨道上，宇航员还释放了一个绕月运行的小型卫星，用于测量月球环境重力场、磁场和高能场。

在飞返地球时，沃尔登进行了 38 分钟的舱外太空行走。从 1971 年 7 月 26 日发射到 8 月 7 日返回地球，"阿波罗 15 号"飞行时间达 12 天 17 小时。宇航员们很好地完成了这次探月任务。

不过，斯科特这次探月期间也做了一件很不恰当的事。他把几百枚首日封带进登月舱，他们回到地面后，首日封价值猛增，最后他以每枚 2000 美元出售。此事最终被人揭露，斯科特因此声名狼藉。

人类首次"月面考古"与月球上存活的地球微生物

地球上的微生物能在月球严酷的自然环境中生存吗？

答案是"可以"。美国"勘测者3号""滞留"在月球的细菌就存活了下来。

美国1969年11月14日发射了"阿波罗12号"载人登月宇宙飞船。飞船指令长是康拉德，另两位宇航员是戈登、比恩。这月19日，飞船登月舱在"风暴洋"着陆，着陆点的月面坐标是西经23度25分，南纬3度，距离两年半以前美国发射到月面的"勘测者3号"仅180米远。"阿波罗12号"的降落地点选在"勘测者3号"附近，是经过精心研究后决定的。

当康拉德和比恩走出"阿波罗12号"登月舱时，他们发现，在距离不远的一个小陨石坑的边缘，"勘测者3号"就停在那里。康拉德、比恩直接进行了人类第一次"月面考古"。他们仔细研究"勘察者3号"在月面上2年7个月的变化。他们从"勘测者3号"的舱内取回了一架电视摄像机，后来从这个电视摄像机中培养出了链球状细菌。这些链球状细菌并不是"月球居民"，而是从地球带上月球的。这说明，这些细菌在月球上的真空中待了900多天仍然存活着。对这种生命能在严酷月面环境中蛰伏两年多时间还随时可复活的现象，科学家感到惊讶。

"勘测者3号"这个小着陆器在两年多的时间里经受着月球上各

种恶劣环境:难以忍受的真空、强烈的宇宙射线、陨石轰击、极端温差。美国宇航局的工程师希望弄清楚制造"勘测者3号"飞船用的金属、玻璃和其他材料如何能忍受这种恶劣环境的"折磨"。直接检查"勘测者3号"似乎是找到答案的一个好途径。

康拉德和比恩在执行第二次持续4小时的舱外活动期间,走到"勘测者3号"附近,给它拍了大量照片,并进行了仔细测量,然后开始剪掉这艘飞船上面的部分金属壳电子管和电缆线,收回了那部电视摄像机。他们从"勘测者3号"上摘下的最后一样东西是它的可延长臂末端的一把小铲子,这条机械臂曾挖掘月球干燥的尘土和沙砾,并对月球土壤进行了机械计量。

康拉德、比恩于11月19日美国东部时间1时54分35秒登陆月面,在月面停留31.5小时,离开登月舱到月面活动两次,共7小时53分钟,离登月舱最远达900米。11月20日美国东部时间9时25分47秒登月舱从月面起飞。11月24日美国东部时间15时58分24秒飞船返回地球。"阿波罗12号"飞船整个飞行历时10天4小时36分24秒。

他们带回59千克月土和月尘的样品。其结晶岩石主要为玄武岩,这是月"海"的共同特征。鉴定表明,"风暴洋"的玄武岩是目前已知几个月"海"中最年轻的,年龄在32亿到38亿年。他们还带回了"勘测者3号"上的电视摄像机、小铲子等。

"勘测者3号"是1967年4月19日发射的。在月面软着陆以后,它的电视摄像机自动拍摄并向地球发回数万幅照片。其特殊的自动挖掘机械装置在月面上挖出了一条深达20厘米的沟,取出一些月土进行了分析。

科学家对"阿波罗 12 号"带回地球的这个小铲子、电视摄像机和其他人造物品进行分析后，将它们保存起来。小铲子在被取回地球近 40 年后，重新受到了美国科学家的重视。重返月球，在月球上修建基地，这个过程不可避免要进行一些挖掘工作。研究人类首次"月面考古"的成果，无疑是有重要意义的。

宇航员先后驾驶三辆月球车在月面漫游

在美国"阿波罗"计划中，有 3 次登月飞行带去了有人驾驶的月球车。

"巡行者 1 号"

1971 年 7 月 26 日，"阿波罗 15 号"飞船把美国第一辆月球车——"巡行者 1 号"带上月面。与苏联"月球车 1 号"不同的是，它是一辆有人驾驶型月球车。

"巡行者 1 号"价值 4000 万美元，长 3 米，宽 1.8 米，重 209 千克。它以电池为动力，是一个双座四轮的自动行走装置，最高时速可达 16 千米。7 月 31 日，"阿波罗 15 号"飞船上的宇航员斯科特和艾尔文开始驾驶这辆月球车在月面上遨游。

他们总共出舱活动 3 次，时间长达 18 个小时，其中驾车时间大约 6 个小时。他们驾车行驶了 27.9 千米，爬越障碍，翻越沟壑，对山脉、峡谷和火山口进行考察，并把清晰的彩色图像传回地面。

"巡行者1号"似乎在设计上还不够完善。在一次行驶途中,它的前舵轮操作不灵,回转系统出了故障,斯科特只得靠后轮拐弯。

"巡行者2号"

　　"阿波罗16号"飞船于1972年4月16日发射。乘员有约翰·杨、马丁利、杜克3人。

　　"阿波罗16号"飞船登月舱月面着陆点是笛卡儿高地,月面坐标是南纬9度,东经15度30分。

　　两名登月宇航员在月面上停留了71个小时。他们首次对高地地区进行研究,在月球表面进行实验,首次在月球上使用紫外线摄影光谱仪、宇宙线探测仪。4月22日他们在月面笛卡儿高地乘坐"巡行者2号"电动四轮驱动月球车行驶了9.5千米。他们带回205千克年龄达46亿年的月球岩石。

　　"阿波罗16号"在绕月轨道上飞行了64圈,飞行时间126小时,4月27日返回地球,从发射到返回,历时11天1小时。飞行期间,马丁利还进行了1小时太空行走。

"巡行者3号"

　　1972年12月12日,"阿波罗17号"飞船的月球车"巡行者3号"登陆月球表面。

　　这是"阿波罗"计划最后一次登月任务。宇航员是尤金·塞尔南、罗纳德·埃万斯、哈里森·施密特3人。

　　登月宇航员塞尔南和施密特两人在月面上进行了3次共22小时

"阿波罗 17 号"月球车在月面

4 分的活动。他们驾驶电动四轮驱动月球车"巡行者 3 号"旅行，最远行驶到离登月舱月面着陆点 20 千米的地方。这是有人驾驶的月球车在月面行驶路程最长的。

"巡行者 3 号"是到目前为止美国最后一辆月球车，也是最后一辆有人驾驶的月球车。

最后载人登月的"阿波罗 17 号"

在"阿波罗 11 号"乘载 3 位宇航员登月以后，又有 5 艘"阿波罗"飞船成功完成登月任务。最后一艘飞往月球的载人宇宙飞船，是美国 1972 年 12 月 7 日发射的"阿波罗 17 号"。这是美国宇航局的"阿波罗"计划中的第十一次载人任务，是人类第六次也是迄今为止最后一次登月任务。

宇航员三次外出到月面活动

飞船载有三位宇航员。指令长尤金·塞尔南，曾经执行"双子星座 9A 号""阿波罗 10 号"飞行任务。指令舱驾驶员是罗纳德·埃万斯。登月舱驾驶员哈里森·施密特，是地质学博士，是第一位，也是目前唯一一位登月执行科学任务的科学家。

"阿波罗17号"12月12日登陆月球表面。登月地点为月面的陶拉斯－利特罗山谷，在"静海"的东南部，陶拉斯山的西南方。这是一个月表颜色较深，位于3个高耸的山丘之间的地带。此前拍摄的月球照片显示，在3座山脚下有一些突起，意味着这个地区也许会有岩床标本。这个地区还有一处山崩遗迹以及若干撞击坑。

施密特与塞尔南进行了3次月面行走，时间分别长达7.2小时、7.6小时以及7.3小时。两人乘坐着月球车在陶拉斯－利特罗山谷间行驶了34千米的距离。他们在陶拉斯－利特罗月谷地区进行了详细勘探，考察了火山口、撞击坑。施密特还发现了奇特的橙红色月土，这表明月土中有氧化铁，不久前这里发生过火山活动，这是以前在月球上没有发现的。地质学家施密特在采集月岩标本时简直是"贪得无厌"。他们活动的距离也扩大到了20千米远（"阿波罗11号"宇航员活动距离仅90米），地面控制中心不得不同意把他们停留的时间延长到了最大的限度。两人建立了月面上第六个自动研究站，将最完整的一套科学仪器留在月球表面。

他们在月面停留时间为74小时59分，这是"阿波罗"计划中停留月球表面时间最久的一次。他们采集的月球岩石标本也是最多的，重152千克。

留下人类首批登月结束纪念牌

塞尔南在月面上立了一块标牌，牌上的题词是：公元1972年12月，人类结束了对月球的第一次探索。愿我们带来的和平精神与全人类同在。（签名：塞尔南、埃万斯、施密特、理查德·尼克松）。随后，他用手指在月面上写下了女儿名字的字头。

指令长塞尔南具有捷克斯洛伐克血统，他还将一面捷克斯洛伐克国旗留在了月面上。

"阿波罗17号"创造了"阿波罗"计划中的很多纪录，包括最长的登月飞行，最长的月面行走时间，收集了最多的月球标本，在月球轨道航行了最长的时间。它还是"阿波罗"计划中唯一的夜间发射的宇宙飞船。

1972年12月14日，在离开月面的陶拉斯－利特罗山谷时，塞尔南说："我们来过这里，我们现在要离开这里，如果情况允许的话，我们还会带着全人类的和平与希望回到这里。在我迈出离开月球的脚步时，我想说，美国今日对太空的挑战将铸造人类明天的命运。"

"阿波罗17号"1972年12月19日返回地球，整个飞行为期12天13小时51分。同此前的"阿波罗"10号、12号、13号、14号一样，"阿波罗17号"也降落在美属萨摩亚附近的太平洋中。

"阿波罗17号"登月之旅，为"阿波罗"计划圆满地画上了句号。

有人驾驶的月球车"开"到上海

22年后，那一辆有人驾驶的月球车"开"到了上海，却没能在大街上行驶。

1994年10月20日，"阿波罗17号"登月宇航员塞尔南首次应邀到上海参加"我们的太空时代"展览。

塞尔南计划要在上海繁华的南京路上做驾驶月球车的表演，由于南京路上人流如潮，街道堵得水泄不通，计划被迫取消。

此次上海之行，塞尔南为中国人民的热情所感动，写下了留言：
"人是上帝创造的奇迹，而世界的奇迹将由人类自己来创造。"

"阿波罗"登月计划的发现

在"阿波罗"登月计划结束以后，美国宇航局宣布，"阿波罗"登月计划获得了许多重大发现。下面一一介绍。

月球不是一个原生物体

月球是一个逐步演化而成的、拥有类似地球内部结构的"类地天体"。现在我们知道月球是由岩石构成的，而且这些岩石因为受过不同程度的熔化、火山喷发以及陨石的碰撞而变得凹凸不平。

月球拥有一层60千米厚的表层外壳，一层厚度基本一致的岩石圈（60~1000千米），再深就是岩流层（1000~1740千米）。岩流层的底部可能是一个小小的铁质核心，但是这还没被证实。

月球产生的时间很久远

同所有的类地天体一样，太阳系形成后最初10亿年的历史在月球上留下了深深的印记。月球表面留有大量陨石坑。如果可以确定岩石样品的年代，那么我们就可根据金星、水星和火星上的陨石坑的信息来确定其地质发展史。其他行星的地质照片也可以根据我们从月球获得的信息进行解释了。

最年轻的岩石比地球的"老"

最初的时候，月球和地球可能受到同样的地质过程和事件的影响，但是这些过程和事件留下的痕迹只有在月球上才能找得到。

在月球表面，黑暗平滑的月"海"大多是一些陨石坑，当中的岩石相对年轻，年龄大约为32亿年。而一些高低不平的高地中的岩石则相对较老，年龄约为46亿年。

月球和地球是近亲

这两个天体是由一种共同的物质按照不同的比例分割而成的。

月球岩石和地球岩石上氧化物同位素的惊人相似显示，月球和地球可能来自同一个祖先。然而和地球相比，月球上的铁以及形成大气和水所需的挥发性元素都衰竭了。

月球上没有生命迹象

月球上没有活着的生物体、化石或者原产的有机化合物。

从月球采集的样品的测试中没有找到任何过去或者现存的生物迹象，即使是非生物的有机化合物也找不到。这可能与陨石造成的污染有关。

月球岩石经过高温形成

月球岩石的形成过程几乎与水没有关系，月球岩石可以粗略地分为3类：玄武岩、钙长石和角砾岩。玄武岩是一种黑色火山岩，主要分布在一些月"海"之中。它们和地球海洋地壳的熔岩很相似，但是年龄要老得多。钙长石主要分布在那些古老的高地之上，质量相对较轻。角砾岩则是其他岩石在陨石跌落过程中被压碎、混合后凝结而成。

早期月球深处是"岩浆海洋"

月球高地表面含有一些早期的低密度的岩石，这是漂浮在"岩浆海洋"表面的一些岩浆残留而形成的。月球高地是在大约44亿至46亿年以前形成的，由漂浮在"岩浆海洋"表面的一些岩浆凝结而成，这部分地壳有几十千米厚。在地质时期无数的陨石落到月球上，熔掉了不少古老的岩石，并在月球表面形成了很多环形山脉。

小行星在月球表面撞出大坑

一些巨大、黑色的盆地其实就是月球受到撞击后产生的巨大的火山口。这些都是在月球早期形成的，上面覆盖的熔岩的历史约为3.2亿～3.9亿年。当月球火山活动时，会产生大量熔岩并向周围漫延。火山喷发还会产生橙色的沉淀物和纯绿宝石颜色的玻璃珠。

月球稍微不对称

月球的结构稍微有些不对称，这也许是由于它在演化过程中受到了地球引力的影响。月球的外壳远离地球的一侧相对较厚。在靠近地球一侧则有很多火山盆地，而且它的质量浓度要比远侧浓得多。

月球内部的质量浓度并不是均匀的。相对于它的几何中心，月球质量的中心要偏向地球几千米远。

月球上的人类活动印迹

人类自古以来就深深地为天上那轮明月所吸引。人们多么向往上去亲眼看一看啊！

半个多世纪前，如果有人说，月球上有人类活动的印迹，是没人会相信的。可是，20 世纪中期以后，月球上出现了人类第一批活动的许多印迹。20 世纪末，人类开始第二轮登月活动。美国、俄罗斯、中国、欧洲、日本、印度等都提出了自己的探月计划。不久的将来，月球上将出现更多国家的人类活动印迹。

在未来，人类大量移民月球，把月球变成繁华的新世界以后，月球居民们也许会有兴趣探访早期人类活动的遗迹呢！

上面一些篇章已经比较多地谈到了人类在月面活动留下的某些印迹，本篇打算重点谈谈另一些印迹。

人类活动的第一批印迹

壮士一去不复返，粉身碎骨留异乡。

第一批到达月球的人类制造的 8 个月球探测装置，都是"硬着陆"的。它们撞到月面上，在月面上留下了人类活动的第一批印迹。

1959 年 9 月 14 日，是人类征服月球的历史上值得纪念的日子。这一天，人类第一次"触摸"到了月球。

1959年9月12日，苏联向月球发射了"月球2号"探测器。"月球2号"在9月14日撞到了月球表面。撞击点在"雨海"东南部的阿基米德环形山附近，月面坐标是北纬31.8度，经度为0度。在相撞点——圆穴可能留下探测器和仪器容器的一些碎片。探测器携带的3个金属标记球，很可能会完整地留在那里。将来人们到月球上"访古"，也许还可以找到人类在月球上留下的这第一个印迹。

　　四年半以后，美国"徘徊者6号"月球探测器于1964年2月2日在月面"静海"地区"硬着陆"，成为人类留在月球上的第二个印迹。

　　同年7月31日，美国"徘徊者7号"在月面"云海"的北部"硬着陆"。

　　1965年，又连续有5个月球探测器在月面"硬着陆"。美国"徘徊者8号"于1965年2月20日撞在"静海"附近。"徘徊者9号"同年3月24日硬着陆于"云海"东部的阿方索环形山内。同年5月12日、10月7日和12月6日，苏联的"月球5号""月球7号"和"月球8号"先后到达月面，前一个撞在"云海"里，后两个撞到"风暴洋"中。

月面上一批完好的探测器

　　上文说到，人类活动在月球上留下的第一批印迹是一批硬撞到月面上的月球探测器破碎的残片。而人类活动在月球上留下的第二批印迹，已经是一些完整无损的探测器了。

　　在离"月球8号"着陆地点西南不远的地方，未来的月球访古者将会看到一个完整无损的探测器。它就是第一个在月面上"软着陆"的苏联"月球9号"探测器。"月球9号"1966年2月3日在"风暴洋"西部软着陆，着陆点月面坐标为西经64度37分，北纬7度13分。

同年 6 月 2 日，美国的"勘测者 1 号"也实现了"软着陆"。它的着陆地点也在"风暴洋"，位于"月球 9 号"着陆点的东南面。它是第二个软着陆的月球探测器。

接着，又陆续有 5 个探测器先后在月球软着陆成功。苏联的"月球 13 号"于 1966 年 12 月 24 日在"风暴洋"西部边缘、"月球 9 号"着陆点以北不远的地方软着陆。1967 年至 1968 年间，美国的"勘测者" 3 号、5 号、6 号、7 号先后软着陆于月面。

未来的月球上的"考古"工作者会很容易地找到人类在月面活动留下的这批保存完好的遗物。

此外，实现了月面软着陆，挖取了月球土壤以后再返回地球的苏联"月球 16 号""月球 20 号""月球 23 号"和"月球 24 号"也都分别在月面上留下了自己的踪迹。

人类在月球上留下脚印

1969 年 7 月 20 日，美国宇宙飞船"阿波罗 11 号"的登月舱，载着宇航员阿姆斯特朗和奥尔德林首次登上了月球。阿姆斯特朗第一个走下登月舱，在月球表面踏下了人类的第一个足迹。足迹印在了"静海"的西南部。

7 月 21 日，登月舱"鹰号"从月面起飞，飞离月球。留在月面上的除了一些仪器、插在月面上的美国国旗外，还有登月舱的下半截，上面带有一块不锈钢纪念牌。

这年 11 月 19 日，美国宇航员康拉德和比恩乘坐"阿波罗 12 号"实现人类第二次登月，着陆点在"风暴洋"东南面，离 1967 年 4 月 19

日"勘测者 3 号"着陆点仅 180 米。他们从"勘测者 3 号"上拆下了照相机并带回地球。后来从这个照相机中培养出了地面上的细菌,这说明,这些细菌在月球上的真空中待了 900 多天,仍然保存着活力。

1971 年 2 月 5 日,"阿波罗 14 号"载着宇航员谢泼德和米切尔完成了人类第三次登月,在离"阿波罗 12 号"着陆点不远的地方着陆。

同年 7 月 30 日,斯科特和艾尔文乘坐"阿波罗 15 号"又来到月球,在亚平宁山脉附近进行考察。他们在月面停留了近 3 天,带回了 77 千克月球岩石。

1972 年 4 月 21 日,"阿波罗 16 号"降落在月面东经 15 度 30 分、南纬 9 度的地区。宇航员约翰·杨和杜克在月面上停留了 71 小时 21 分钟,离开登月舱外出活动的时间达 20 小时 14 分钟之久。

同年 12 月,美国又发射"阿波罗 17 号",载着塞尔南和施密特两名宇航员来到月球的"静海"北部,进行了"阿波罗"计划中的最后一次登月活动。

到目前为止,共有 6 艘载人宇宙飞船登上了月球,有 12 名宇航员在月面的土地上留下了自己的脚印。由于月面没有空气、风和雨,这些脚印将长期留存在月面上。未来的月球居民也许会有兴趣辨认,哪些脚印是哪位宇航员的。

月球上的车辙

1970 年 11 月 17 日,苏联制造的车辆"月球车 1 号"第一次行驶在月球的土地上。它在月面上总共行驶了 10.54 千米。次年 10 月 4

日它停止工作,作为人类送给月球的"纪念品"永久地停放在那里,成为人类制造的车辆第一次在月面行驶的见证。

1973年1月15日,苏联的"月球21号"探测器又把无人驾驶的"月球车2号"送到了月球,在"澄海"东部着陆,并行驶了37千米。

美国制造的月球车也在月面上留下了不少的车辙。它们分别是由登月宇航员手推或驾驶的。

"阿波罗14号"带着一辆两轮手推车登月。宇航员谢泼德和米切尔曾推着这辆两轮手推车,载着他们的工具和摄影机作"考察远足",采集并运送月岩。

在"阿波罗15号"登月时,宇航员斯科特和艾尔文乘坐着第一辆载人月球车"巡行者1号"在月面上行驶了27.9千米。后来,美国在1972年连续发射的"阿波罗16号""阿波罗17号"也都使用了载人月球车在月面行驶,对月球表面进行详细考察和拍照。

总共有6辆月球车被送到月球上,当考察任务完成后,它们没有被带回地面,而是永久地留在了月面上,成为又一批人类活动在月球上留下的印迹。

一些特殊的个人遗留物

当年美国宇航局规定,允许每个登月宇航员在月面上留下重量不超过250克的个人纪念品。生性浪漫的美国人充分展示了他们鲜明多样的个性。

"阿波罗11号"宇航员奥尔德林把基督教"圣餐"仪式用的一只盛酒的精制"圣杯"和一块"圣饼"献给了"月亮女神"。

谢泼德是个高尔夫球迷,到了月面上还念念不忘打球,把两只击得远远的小球和球杆上的铁头留在了月面上。

1971 年 8 月 2 日,"阿波罗 15 号"登月时,美国宇航员艾尔文则把在 1967 年"阿波罗 1 号"着火事故中牺牲的 3 名美国航天员的部分骨灰撒在了"哈德利溪"之中。"阿波罗 15 号"宇航员还把一块刻有苏联殉难宇航员科马罗夫名字的名牌安放在月球上。科马罗夫是1967 年 4 月乘坐"联盟 1 号"宇宙飞船飞入太空后遇难的,他是世界上第一位在太空中献身的宇航员。

1972 年 4 月,"阿波罗 16 号"宇航员杜克将一张全家福照片放在月球表面。照片上是宇航员杜克和妻子,以及他们的两个儿子——7岁的查尔斯和 5 岁的汤姆。另一位宇航员在登月前与未婚妻共同设计了一枚绘有地球、月球和登月舱图案的订婚戒指,到了月面后他把它及未婚妻的一对耳环都献给了"月神"。

"阿波罗 17 号"宇航员塞尔南用手指在月面上写下了女儿名字的字头,月球上没有空气,没有风和雨,月面土壤上的字迹将会永久地保留着。

未来的人类活动印迹

现在看来,月球上的人类活动印迹已经不少了。但是随着人类征服月球事业的发展,月球上还将出现越来越多的人类活动的印迹。

2004 年 3 月,时任中国国家航天局局长、绕月探测工程总指挥栾恩杰说,中国探月工程将分 3 步走。首先发射第一个探月卫星"嫦娥一号",实现绕月探测,之后将实现月面软着陆探测与月面巡视勘察,再后将实现采样返回。2007 年 10 月 24 日,"嫦娥一号"在西昌卫星发射中心升空,中国首次绕月探测成功。

科学家设想,将来人类还要在月球兴建各种各样的科学考察站、天文台。下一步,人们就要在月球上建立城市,让月球最终成为第二个遍及人类足迹的繁荣世界。到那时,未来的月球居民和来自地球的旅游者一定会满怀深情地凭吊最初在月球上留下印迹的月球开拓者。

新一轮登月热潮

当第一轮登月热潮过去以后,随即而来的,是长达 20 多年的沉寂。1976—1990 年,世界各国都没有发射月球探测器,月球空间探测进入宁静期。20 世纪 90 年代后期,人们又把目光投向了月球。

近些年,美国、中国、俄罗斯、欧洲、日本、印度等都提出了自己的探月计划,并着手实施。

1989 年 7 月 20 日,在"阿波罗 11 号"飞船登月 20 周年之际,美国总统老布什宣布美国要重返月球,在月球上建基地并对火星开展探测。实际上,美国一直没有停止过建立月球基地的准备工作,先后进行过 2 次"生物圈"密闭生产系统试验计划。1994 年,美国宇航局发射"克莱门汀号"探测器,重新启动探月计划。

1994 年,中国科学家正式提出探月构想。在将近 10 年的过程中,围绕探月有没有必要、探月是否可行等问题，科学家们进行了反复的论证。2000 年 10 月，时任国家航天局局长栾恩杰在"世界空间周"庆祝大会上宣布："我国将实施月球探测。"这是中国高层首次向外界表露探月的决心。2004 年，我国探月工程"嫦娥工程"正式上马。

俄罗斯联邦航天局 2007 年 8 月底宣布，俄罗斯有可能在 2027 年至 2032 年间在月球表面建立永久性基地。俄罗斯将与欧洲航天局联手开发可飞往国际空间站、月球及火星的载人飞船。

1994 年，欧洲航天局也提出了重返月球、建立月球基地的详细计划。

日本宇宙航空研究开发机构计划从 2005 年到 2015 年主要完成月球的探查和技术开发并投入实际运行；从 2015 年到 2025 年，将完成月球资源利用技术的技术积累；2025 年，将着手建立以月球表面为据点的月球空间活动站。

印度的登月计划分三个阶段进行，首先是向月球发射探测装置，然后发射登月机器人，对月球进行多项科学研究，最终实现印度宇航员登月。

我国开始了飞向月球的征程

2007 年 10 月 24 日，"嫦娥一号"月球探测卫星发射，我国开始了飞向月球的征程。

中国探月工程首席科学家、中国科学院院士欧阳自远说："我国将要实现的月球探测阶段，分绕、落、回三期。"我国将分三步完成对月球的无人探测。这三步实际就是三期工程。

第一期工程是"绕月探测"，于2004年通过国家立项。"嫦娥一号"执行的就是这项任务。它是我国航天器第一次近距离探测地球以外的另一个星球。

第二期工程，是在月球软着陆。二期工程将发射月球软着陆探测器，实现月球车或机器人在月球上登陆，并在月球表面进行自动巡视考察。

第三期工程是月球采样返回，即发射可以自动返回地球的探测器，它将在月面收集月土和岩石，带回地球供科学家开展深入的科学研究。

2007年10月24日，我国科学家在四川省西昌卫星发射中心用"长征三号甲"运载火箭发射"嫦娥一号"月球探测卫星。"嫦娥一号"重2350千克，是一个2米×1.72米×2.2米的长方体，两侧各有一个太阳能电池帆板，帆板完全展开后最大跨度达18米。"嫦娥一号"11月5日飞到了远离地球38万多千米的月球身旁。这时，它离月球表面仅200多千米，正式进入了围绕月球运行的轨道。

11月20日，"嫦娥一号"传回它对月球探测的第一批数据。11月26日，中国国家航天局正式公布"嫦娥一号"传回的第一幅月面图像。12月11日，中国国家航天局首次公布"嫦娥一号"拍摄的月球背面部分区域影像图。影像图为月球背面的万户环形山，其中包括正射影像图、数字高程模型图、色彩编码地形图。万户环形山位于月球背面南纬9.8度、西经138.8度区域，直径52千米。

2009年3月1日，"嫦娥一号"在控制下成功撞击月球，为我国月球探测的一期工程画上了圆满句号。

欧阳自远介绍说,在中国探月计划的三步中,有多项工作都是目前国外没有做的。比如,我国准备测量并计划月球上每一寸土壤有多少氦–3以及其他物质,提出最可信的关于氦–3的报告,从而造福全人类。他说:"全地球只有15吨左右的氦–3,而月球上的氦–3大概有100万~500万吨,这将是人类社会长期、稳定、安全、清洁、廉价的可控核聚变的能源原料。""假如利用这种核聚变的能源原料发电能够成为现实的话,中国一年的发电量需要氦–3约10吨,全世界一年的用量约100吨,月球上的氦–3可以满足人类上万年的能源需求。"

美国宇航员计划重登月球

2004年1月14日,美国总统布什在美国宇航局总部发表讲话,宣布美国将在2020年前重新把宇航员送上月球,这次讲演的主要内容,被人们称为"美国太空探索新构想"。

美国"重返月球"计划的第一步是发射"月球勘测轨道飞行器",它的主要任务包括寻找合适的登月着陆点、勘测月球资源和研究月球辐射环境等。

美国1994年1月25日发射"克莱门汀号"卫星,这是月球探测活动停顿20多年来人类再次发射月球探测器。它于2月19日进入月球轨道。2月21日,卫星调整到最终的离月面400~2940千米的环月探测轨道。在围绕月球进行的两个月的轨道飞行中,"克莱门汀3

号"获取了 180 万张月面图像。它进行了月面元素的分布与含量的探测，还意外发现了在月球南极区可能有水存在的信息。"克莱门汀号"的另一项科学任务是飞往 1620 号小行星，同这个小行星交会。由于"克莱门汀号"在离开月球轨道后出现故障，这项任务没有完成。

1998 年 1 月 7 日，美国"月球勘探者号"探测器启程飞往月球。它的任务是绘制月球表面地形图、分析月球地质结构、寻找月球存在冰或水的证据、探测月球内部是否存在支持生命的气体以及一些宝贵的矿藏，以便人类未来在月球上建立基地和把月球作为星际旅行的中转站。探测器 1 月 12 日进入距月球表面约 100 千米高的环绕月球的轨道，在工作轨道上进行了为期 10 个月的对月观测。初步探测表明，月球的北极和南极地区存在氢元素，这表明月球两极下面可能存在冰态水。

1999 年 7 月，"月球勘探者号"已环绕月球运行 18 个月，所带燃料基本耗尽，科学家决定让它撞击可能存在水冰的月球陨石坑。撞击目标是月球南极地区的一个直径 40 千米、深 4 千米的环形山底部。专家计算，这个探测器以 6115 千米 / 时的速度碰撞月球，有足够的力量使尘土和蒸气升腾到半空。"月球勘探者号"探测器于 7 月 31 日猛烈撞击月球，但撞击后并没有任何云团升起，一些科学家对此"有点失望"。

美国于 2006 年 4 月提出一项新的撞击月球南极的计划。美国宇航局准备给两个探测器装满炸药，令它们撞击月球南极，探究月球在遭受双重打击之后，是否显露其深处隐藏的冰冻水。美国宇航局希望这一项目能成功找到月球存在水的证据，以利于未来宇航员登陆月球并建立长期基地。

美国宇航局官员 2008 年 4 月 18 日说,美国航天部门打算派遣宇航员重返月球,在那里建造永久基地。美国宇航局还要设计月球表面运输、通信和电力等系统,帮助宇航员在月球基地外从事科学研究。美国有关方面宣布,还将以月球作为中转站,向更远的太空进发。

俄罗斯 2030 年前后在月球建立永久性基地

1964 年 8 月,苏共中央和部长会议正式批准了登月计划。这项计划的领导人是科罗廖夫,他应当在 1968 年将两名宇航员送上月球,其中一人要在月球上实现行走。

1967 年 3 月和 4 月,苏联从拜科努尔航天发射场向近地轨道发射了“宇宙 146 号”和“宇宙 154 号”两艘无人驾驶飞船进行试验性飞行。随后苏联本应向月球发射飞船,但是 1967 年 9 月和 11 月运送飞船的“质子号”火箭连着发生了两起事故,一直到 1968 年 3 月才顺利地发射了飞船。但是返回地球时,飞船的方向系统出了故障,为了不落入敌人手中,它被自爆系统炸毁了。随后的两次发射也不顺利,1968 年 4 月“质子号”火箭发射不久即回落,7 月 14 日火箭在发射场倾倒,致一人死亡、两人重伤。

1968 年 9 月“探测器 5 号”飞船顺利发射,上面装了两只哈萨克草龟,这两只乌龟是第一批绕月球飞行并回到了地球的生物,它们被记录在《吉尼斯世界纪录大全》中。飞船没有在哈萨克着陆,而是落入了印度洋，在美国人的眼皮底下被捞了回来。1968 年 11 月，"探测器 6号"飞船没能正常返回地球。飞船起先是失去密封性，然后在 5300 米的高空提前自动打开降落伞，最后像块石头似的坠落到地面。但是仪器拍摄的照片奇迹般地被抢救了出来，人们第一次获得了有关月球的彩色照片。

1998 年 10 月，俄罗斯制订出新的月球开发计划，以研究月球"身世"，探寻月球水资源，开发月球上极为丰富的核燃料氦-3。根据这项开发计划，俄罗斯将发射一个小型月球轨道站，再从轨道站向月球发射各种探测仪器，其中包括 10 个可探入月球表面的穿透探测器、两个地震探测仪和月球南极水源探测仪。整个计划预计耗资 5000 万美元。俄罗斯还计划建立月球基地，研究月球采矿工艺。

2007 年 8 月 31 日，时任俄罗斯联邦航天局局长佩尔米诺夫在记者招待会上说："我们的载人登月飞行将于 2025 年前准备就绪。"俄罗斯已制订出到 2040 年的太空探索计划，有可能在 2027 年至 2032年间在月球表面建立永久性基地。俄罗斯需要研制出新的飞船和发射系统，以便完成在月球上着陆和飞往火星的任务。

欧洲拟于 2025 年前实现载人登月

欧洲航天局各国部长 2001 年 11 月批准了对太阳系进行无人和载人探索的"曙光"计划。这个计划将分为五个阶段完成，并定于 2024年实现载人登月。

欧洲第一个月球探测器"智能1号"于2003年9月27日在法属圭亚那库鲁宇航发射场由欧洲航天局"阿丽亚娜5型"运载火箭发射升空,标志着欧洲探月活动正式开始。

"智能1号"的英文名叫"SMART-1",是"用于先进技术研究的小型任务1号"的缩写。"智能1号"重367千克,体积约1立方米,相当于一台洗衣机大小。两块太阳能电池板伸展开后探测器长约14米。其中最重要的技术体现在太阳能离子发动机上。在漫长的太空旅行中,普通化学燃料容易消耗殆尽而且体积大,但是太阳能离子发动机将太阳能转化为电能并电解出高速离子流,为探测器提供源源不断的动力。在未来的星际旅行中,这种动力装置有可能被广泛应用。

"智能1号"的探测任务是,探测月球表面化学元素,了解月球的构成;拍摄迄今最详细的月球地理图,以期破解45亿年前月球形成的奥秘;在月球表面寻找冰冻水的证据,为人类是否要在月球建立永久基地提供各种数据资料。"智能1号"的任务还包括撞击月球,粉身碎骨,为科学做出最后的贡献。科学家希望探测器撞月时激起的尘埃等能有助于研究月球的地质构成。探测器采用了太阳能电火箭等多项新技术。"智能1号"升空时还携带了两颗商用卫星。

2004年11月,"智能1号"进入预定的环月轨道,2006年9月3日格林尼治时间5时42分22秒"智能1号"按预定计划击中月球表面。位于美国夏威夷的一个观测站拍摄到"智能1号"撞击月球后发出的"明亮闪光"。硬着陆(撞击)点在月面的"卓越湖"区域。"智能1号"取得了丰富的科学成果。有关专家认为,这是人类新一轮探月高潮的前奏。

在第一个月球探测器"智能1号"成功发射后,欧洲航天局2004年2月3日正式宣布了"曙光"超大规模星际探索计划的目标。负责"曙光"计划的主任弗朗克·奥加罗说,在实现火星登陆之前,欧洲要先实现月球登陆。

欧洲航天局的登月项目正式名称为"Moon Next"。该计划中与月球探测器相关的部署有:进行一系列不载人的月球探测,载人登月,建立月球基地。

欧洲航天局的专家们打算让探测器携带一个装有地球微生物的容器前往月球,目的是研究这些微生物是否能够在月球环境中存活下来,另外欧洲天文学家们还将通过这些微生物进一步探索月面环境、太空辐射及太阳活动能够对这些微生物产生的影响。

该计划的探测器登月地点选择在月球南极离沙克尔顿环形山不远的地方。一些科学家认为,这个环形山是由其他天体剧烈撞击形成的。欧洲航天局的科学家对这个环形山特别感兴趣的是,有人提出这座环形山底部可能存在着水冰。如果这一说法被证实,那么这里的水冰就可以成为未来月球居民的饮用水水源。要在月球建设人可以长期居留的基地,必须解决水源问题,因为从地球运水到月球,不仅难度极大,而且代价也太大。

欧洲航天局是欧洲国家政府间的空间探测和开发组织,成立于1975年,总部设在巴黎,现有22个成员国:奥地利、比利时、丹麦、芬兰、法国、德国、希腊、爱尔兰、意大利、卢森堡、荷兰、挪威、葡萄牙、西班牙、瑞典、瑞士、英国、捷克、罗马尼亚、波兰、爱沙尼亚、匈牙利。欧洲航天局表示,希望集成员国的人力、物力、财力,完成单个国家不可能完成的任务。欧洲航天局的"曙光"计划将分四个阶段进行月球探测,计划在 2020 年到 2025 年间把宇航员送上月球,2025 年左右完成永久性月球基地建设,为人类在外星球生存积累经验。

但欧洲航天局并不禁止各成员国单独开展太空探索项目。2007年 3 月,德国科学家宣布了自己的探月计划。德国宇航计划负责人多林格说:"我们正计划发射一个装备高分辨率摄像头的月球探测器,进行为期 4 年的绕月飞行。"英国和意大利也都制订了自己的探月计划。

日本启动"月亮女神"月球探索计划

1990 年 1 月 24 日,日本发射第一个月球探测器"缪斯 A"。"缪斯 A"进入太空后,更名为"飞天号"探测器。它的主要任务是验证借助月球引力的飞行技术和进入绕月轨道的精确控制技术。飞行中,"飞天号"还释放了绕月飞行的"羽衣号"微型探测器。

2007 年 9 月 14 日,日本从南部种子岛航天中心发射了"月亮女神"探测器,开始为期一年的月球探测活动。

启动月球探索活动

"月亮女神"计划于 1999 年启动,日本由此将一系列探月计划逐步提上日程。日本科学家说,"月亮女神"计划是在美国"阿波罗"计划后又一次大规模的月球探索活动。日本宇宙航空研究开发机构 2005 年 3 月制定的远景目标指出，日本计划此后 10 年内发射可登月的无人探测器，争取 20 年后能在月球表面建立无人驻守的探测基地。日本政府专门成立了宇宙开发委员会，协助进行月球、火星等探索计划。日本宇宙航空研究开发机构理事樋口清司说："'月亮女神'探月计划还只是个开始，我们最大的目的是研究月球的起源和进化。下一步希望能够实现人类登月或者机器人登月，研究如何让月球为人类所用，比如，寻找月球上是否有水源、能源。如果有，如何为人类所用？"

"月亮女神"主探测器形状呈长方体，长宽各约 2.1 米，高约 4.8 米，重约 3 吨。它携带的两个子探测器都是重 50 千克的八边柱体。"月亮女神"的任务是：查找月球诞生后不久表面被岩浆海洋覆盖的证据；确定月球过去是否也像地球拥有足以产生磁场的铁核；月球上是否存在水等。

"辉夜姬返月"——日本的"嫦娥奔月"式神话

"月亮女神"探测器在日本有一个昵称叫"辉夜姬"。"辉夜姬"是日本人从孩童时代就熟识的人物形象。她是日本古老传说《竹取物语》中的主人公，是在月亮上诞生、后来落入凡间的美貌女孩。世间的男子都梦想"辉夜姬"能做自己的妻子，就连皇帝也想凭借权势强娶"辉夜姬"，但都遭到拒绝。最后"辉夜姬"在一个中秋之夜迎来了月宫使者，回到了月亮上。

10 月 19 日，"月亮女神"进入远月点 123 千米、近月点 80 千米的近圆形观测轨道，轨道周期为 1 小时 58 分。此前，"月亮女神"已经与两个子探测器分离。主卫星负责探测月球表面，两个子探测器负责通信。

首次高空 "月面考古"

如果说，当年美国"阿波罗 12 号"飞船宇航员 1969 年 11 月实现了人类首次"月面考古"的话，日本"月亮女神"探测器则实现了首次高空"月面考古"。

日本宇宙航空研究开发机构 2008 年 5 月 20 日发布了 "月亮女神"从绕月轨道上拍摄到的一幅照片，照片画面是"阿波罗 15 号"飞船 1971 年 7 月 15 日登月时发动机喷火在月面上留下的印迹。

这可以说是从约 100 千米高空对 37 年前登月的"阿波罗 15 号"的遗迹的一次"考古活动"。

"月亮女神"用所携带的地形照相机，对"阿波罗 15 号"登月位置"哈德利溪"进行观测，发现一处直径约 200 米的泛白区域。"月亮女神"拍摄的照片显示，那里的月面表层土壤被吹散，露出了泛白的下层土壤。不过，"月亮女神"受照相机分辨率和轨道高度的限制，未能找到"阿波罗 15 号"登月舱留在月面的下降段部分和长 3 米的"巡行者 1 号"双座电动月球车。

"月亮女神"从高空中对这一月面区域拍摄的部分照片，与"阿波罗 15 号"当年从高空中拍摄的这一月面区域照片反映了同样的月面地形。

第八大洲

　　地球上有七个大洲——亚洲、欧洲、北美洲、南美洲、非洲、大洋洲、南极洲。现在，人们要来开发第八个大洲——月球了。

　　人们向月球的进军，从 1959 年 1 月 2 日就开始了。到目前为止，人类已经发射了不少考察月球的探测器（也可以说是不载人的宇宙飞船）。这些探测器中，有的飞过月球附近，进入了环绕太阳运行的轨道，成为太阳系里的人造行星；有的落在月球表面上；有的绕过月球，拍下了月球背面的照片，并把照片用无线电发回地球上来。这些考察，帮助人们更多地了解了月球的情况。

　　后来发射的许多考察月球的探测器，进一步弄清了月球的地形，精确地测量了月球表面的温度，测定月球上极其稀薄的空气的密度和成分，并且为宇宙飞船选择适宜的着陆地点。

　　随后，不载人的宇宙飞船在月球先是硬着陆，后是软着陆，利用自动探测装置探测月球表面的情况。接着，人类发射了在月球软着陆后再返回地球的不载人宇宙飞船；之后是载人宇宙飞船。

　　上述这些阶段任务已于 20 世纪 50—70 年代初步完成，现在开始了进一步探测。下阶段任务就是开发月球了。

　　对于开发月球，科学家有这样一些设想。

　　首先将发射一艘又一艘的不载人宇宙飞船，把科学考察所需要的设备、工作人员所需要的生活用品和宇宙飞船返回地球所需要的燃料,运到月球上选定的着陆地点。随后,第一批考察人员就可以乘坐宇宙飞船,到月球上去较长期地居住和工作了。

人们来到月球以后,可以对月球进行进一步考察和科学研究,随后将在月球上建立可供人们长期工作的科学站,就像今天人们在南极大陆建立科学考察站一样。在这里工作的科学家实行轮换制,一批人到月球上的科学站工作一段时间后返回地球,另一批人从地球前往接替。

人们在月球科学站上的一项重要任务,将是考察和研究如何在月球建立可供人类长期居住的环境。水是生命生存的最重要条件之一。美国科学家对月球岩石样本的分析结果表明,月球早期曾有水存在。时至今日,在月球两极那些永久遮蔽在阴影中的撞击坑里,可能还有冰的痕迹。科学家希望通过月球考察找到水。

月球科学站除了对月球本身进行考察,还可以对地球和其他行星进行考察。月球引力比地球小得多,又没有大气层的阻碍,宇宙飞船从月球上起飞,比从地球上起飞容易得多。因此,月球也可能成为星际飞行很好的中继站。

2008年4月18日,美国宇航局部门主管、曾担任国际空间站第四长期科学考察组宇航员的卡尔·瓦尔茨说,美国宇航局正计划在月球建造多座基地,以使多名宇航员可在月球连续驻留6个月时间。美国宇航部门打算派遣宇航员重返月球,在月球建造永久基地。

以后,月球上有人长期居住和工作的科学站、科学考察基地会越来越多,规模会越来越大。最终,人类将在月球上建立城市。

月球上没有空气,因此月球城市应该是密封的。科学家们提出了设想，他们准备用巨大的塑料圆顶盖在大环形山上，往里面灌满空气，使它成为密封的城市。密封城市有巨大的气温调节装置，可以保持人类宜居的温度环境。城市与城市之间，可以用密封的火车、汽车和火箭互相往来。密封城市里将兴建工厂，开发矿山，种植各种植物。

月球将来会成为地球的第八大洲，并且将日益繁荣。最后月球也许会像今天地球上一样，成为人烟辐辏、繁华、热闹的世界。

登月、宇航对我们有什么意义

有人会说，干吗要花那么多的钱去探月、登月，发展宇航事业？地球上有那么多的经济、生活问题亟待解决，把钱用到这些方面，岂不更有意义？

上面"奥运开幕、汶川地震、特艳莲花"一节已经充分说明了今天卫星在人类生活中的巨大意义。可以说，今天几乎每个人的生活都已离不开卫星。探月、登月，乃至飞向更遥远的星星，给人类带来的利益更是无法估量的。

我国学者指出，"嫦娥一号"的发射具有非常重大的意义。"嫦娥"奔月的成功，带给中国人的是加快发展的坚定信心。"嫦娥"奔月过程中的攻坚精神、创新意识都成了全民宝贵的精神财富。"嫦娥一号"的发射带动信息、材料、能源、微机电、遥测科学等其他新技术的提高，对于促进中国经济社会的发展和人类社会的可持续发展具有重要意义。

月球上特有的矿产资源和能源将对人类社会的可持续发展产生深远的影响。月球表面具有极其丰富的太阳能，月土中蕴藏的丰富的氦-3也能作为新型核聚变的材料，有助于解决地球能源匮乏的问题。月球探测将推进宇宙学、比较行星学、月球科学、地球行星科学、空间物理学、材料科学、环境学等学科的发展，而这些学科的发展又将带动更多学科的交叉渗透。

我国航天工业还把尖端技术运用于民用工业，为国民经济的发展做出了重要贡献。

一家国际机构发布的《2005年航天产业现状》调研报告指出：2004年，全球航天产业来自商业服务和政府计划的总收入高达1030亿美元，预测到2010年将会超过1580亿美元。太空产业的直接投入产出比约为1∶2，而相关产业的带动则可达到1∶8至1∶14，是回报极丰厚的投资。

美国科学家说，"阿波罗"计划在月球探测方面取得的科学成果，使人类第一次对自己居住的地球之外的天体有了比较系统的了解。

"阿波罗"计划是当代规模最大、耗资最多的科技项目之一，但同时也为美国带来了巨大的技术进步和经济利益。它不仅建立和完善了美国庞大的宇航工业和技术体系，还使其产生了液体燃料火箭、微波雷达、计算机、电子、自动控制、无线电制导、合成材料等一大批高科技工业群体。后来美国又将该计划中取得的技术进步成果向民用转移，带动了整个科技的发展与工业繁荣。

"阿波罗"计划二次开发应用的效益，远远超过计划本身所带来的直接经济与社会效益。据不完全统计，从"阿波罗"计划衍生出大约 3000 种应用技术成果，短短几年内这些应用技术就取得了巨大的效益。

十七、飞向地球的近邻——火星和金星

星际航行的第二站

人飞到月球上去,早已不再是幻想,而是活生生的现实了。月球已经成为人类星际航行的第一站。

那么,什么地方将是人类星际航行的第二站呢?

半个多世纪前,科学家们就提出,人类星际航行的第二站应当是火星或金星。

这是什么原因呢?

第一,火星和金星是离地球最近的行星。金星在最接近时离地球约 4000 万千米。火星同地球最接近的时候约为 5500 万千米。宇宙飞船到这两个行星所需要的时间,比到其他的行星所需要的时间要少。

第二,这两个行星的自然条件和地球接近,比较容易创造适合人类生活的环境。

就像飞向月球一样,在人飞向火星和金星之前,首先要向它们发射探测器。这项工作早在 20 世纪 60 年代初就已经开始了。不少探测器早已飞向了火星和金星,而且有的已在火星和金星登陆了。

争论了一个世纪的 "火星人"

火星是地球的近邻,是最使人感兴趣的行星。火星上到底有没有"火星人"? 这个问题从 19 世纪以后人们反复争论了一个世纪。有时候,争论逐渐被人淡忘了,可是由于某项新的发现,人们又展开了激烈的争论。

火星,在古代中国,因为它荧荧如火,故称"火星",又称"荧惑"。它在夜空中看起来是血红色的,西方用罗马神话中战神马尔斯的名字称呼它,也曾以希腊神话中的阿瑞斯来称呼它。火星有两颗小型卫星:"火卫一",国外称之为"福波斯";"火卫二",国外称之为"德莫斯"。福波斯和德莫斯是阿瑞斯儿子们的名字。两颗卫星都很小而且形状奇特,可能是被引力捕获的小行星。

在地球环绕太阳公转的轨道以外的太阳系行星,称为地外行星。火星就是一颗地外行星。在地外行星中,火星离地球最近,同地球最接近的时候约 5500 万千米。

答幻想飞向星星的孩子

257

火星比地球小得多。它的直径只有地球的一半多一点。它的重量大约只有地球的十分之一，因此引力也比地球小得多。宇航员到了火星上，就会有身轻如燕的感觉。火星引力小，非常有利于星际航行。火星上的第一宇宙速度，即环绕火星飞行的速度，只是3.6千米/秒；火星上的第二宇宙速度，即摆脱火星引力进入行星轨道的速度，只是5.1千米/秒。

火星环绕太阳转一圈的时间是687个地球日。这就是说，火星上的一年几乎等于地球上的两年。火星自转一次的时间，也就是火星上的一昼夜，是24小时37分，跟地球上的一昼夜时长差不多。宇航员来到这里，仍然可以保持地球上的作息制度。火星上也有一年四季的变化，每一季的时间几乎相当于地球上的两季。

火星离太阳比较远，它从太阳得到的热不及地球得到的一半，因此比较冷。那里夏季的最高气温是30℃，冬季最低气温是-85℃。

火星上也有空气，只是比地球上的空气稀薄得多，密度大约只有地球的1%。火星上的空气成分和地球上的也不一样，二氧化碳占大约90%，氧气却比较少。

火星上究竟有没有生命呢？

火星上的自然条件，比地球上差得多，但是同太阳系其他行星相比，还是比较能够满足生命的要求的。生物的适应能力是很强的，例如在地球北半球-60℃的地方，仍然有不少动植物。因此，火星上不见得没有生命。

火星的两极有白色的"极帽"。夏天，极帽会缩小许多，甚至完全消失；冬天，它又会长大，直径可以达到3000～4000千米。火星上也有所谓的"海"。春天到来的时候，"海"的面积扩大了，颜色也变绿了；到了秋天，它的面积又缩小了，颜色变成了棕色。当年有人从这些现象判断，认为极帽就是覆盖着极地的冰雪，而"海"就是植物生长区。可是有人不同意这种看法。他们认为"海"的颜色的变化不足以说明那里有植物，因为某些矿物的颜色也会随着季节发生变化。

除了极帽和"海"，火星有五分之四的表面都是赭红色的，可能是大片的沙漠。1877年，一位意大利的天文学家发现火星的沙漠上有许多有规则的、纵横交错的黑色线条。这个消息引起了轰动，不少人认为这是"火星人"修造的运河，是用来把极帽融雪引到沙漠里去灌溉农田的。从此科学界出现了火星上有没有智慧生物的争论。后来有的科学家发现，这些"运河"实际是许多个点，远看成了线，它们实际上并没有连成线。看来，火星上有运河的说法并不可靠。

火星有两个卫星"火卫一"和"火卫二"。它们与其他行星的卫星都不同。这两个卫星体积很小，重量很轻。更奇怪的是，它们离火星非常近，环绕着火星转圈子的速度很快。从这些特点看来，它们很像人造卫星。因此，当年有人认为火星上不仅有"火星人"，而且他们的科学水平还很高，很早就建造了巨大的"人"造卫星"火卫一"和"火卫二"。当然，当时也就有很多人反对这个看法。

火星表面的情况到底怎样？那里到底有没有植物、动物，甚至智慧生物？这些曾经争论了一个世纪的问题，在宇宙飞船到达火星以后，正在陆续得到解答。

开始了飞向火星的进程

20世纪60年代初,人类开始了飞向火星的进程。1960—1975年间,人类的火星探测进入了第一次高潮。

1962年11月1日,苏联发射了第一个火星探测器"火星1号"。它装有拍摄火星表面照片并传回地面的摄像装置,还有考察火星上有机物、磁场、辐射带等的观测仪器。4个月后,它在距离地面1亿多千米的地方与地面通信中断,没有完成探测任务。"火星1号"尽管未达到目的,但它开启了人类向火星进军的历程。

1971年5月10日和28日,苏联又发射了"火星"2号和3号探测器。它们在半年后进入火星轨道。"火星3号"着陆舱还在火星表面软着陆,虽然仅发送20秒钟电视信号,但它是第一个到达火星表面的探测器。

1973年7月和8月苏联先后发射"火星5号""火星6号"和"火星7号"。"火星5号"于1974年2月进入火星轨道,成为火星的第一颗人造卫星,环绕火星轨道飞行数天,首次发回一批火星照片。"火星6号"和"火星7号"探测器在火星着陆。

美国1964年11月28日发射"水手4号"火星探测器。它于1965年7月14日从离火星约1万千米的地方掠过,第一次对火星做了近距离考察,探测到火星的大气密度不足地球的1%,还拍摄了21张照片,从中可以看出火星表面布满环形山和沙漠,并鉴别出火星上约300

个火山口。

美国1969年2月和3月发射的"水手"6号和7号,飞行5个月后先后在距火星约3400千米处飞过,对火星的大气成分和结构做了探测,发现火星上到处是沙漠和大大小小的含铁硅酸盐岩石。

1971年5月30日发射的"水手9号"进入火星轨道飞行,拍摄了70%的火星表面,传回7329张火星照片。其拍摄的照片从根本上否定了火星存在运河的说法,因为从照片上看到的是如同沙漠里一样的由火星风形成的沙粒带状条纹。这些照片只发现了许多干涸的河床,其中有的长达1500千米,宽200千米,这表明火星上可能曾经存在过液态的水。"水手9号"拍摄的火星照片,为后来美国"海盗号"在火星着陆探测选定了地点。

1975年8月和9月,美国先后发射"海盗1号"和"海盗2号"探测器。它们在进入火星上空时轨道舱绕火星飞行。1976年7月和8月,它们的着陆舱先后在火星表面软着陆。着陆舱经留在火星上空的轨道舱向地球发回探测数据,共发回5万多张火星照片。着陆舱还对火星表面的土壤取样化验分析,结果表明,火星上没有发现任何生命存在的痕迹,也未探测到火星上有任何有机分子。

这些考察逐步揭开了火星之谜。

火星之谜逐步揭开

探测器在火星的考察表明，火星上既没有动物，也没有植物，更谈不上有高级的智慧生物了。

火星表面像月球一样，布满了大大小小的环形山。大的环形山直径可达几百千米。在火星表面还发现了一些巨大的火山、峡谷和干涸的河床。火星上有地壳运动和冰川侵蚀、水蚀和风蚀的痕迹，并没有什么运河。苏联科学家分析探测器"火星4号"和"火星5号"拍摄的火星照片后认为，过去在地面上看到的"运河"，看来有些是火星地壳的巨大断层，有的则是同深断层有关的一系列相距较近的环形山。"运河"附近颜色较暗，是因为这些地区地壳碎裂，显得所含"水分"要比明亮地区多，明亮地区地壳没有碎裂。也有人认为，火星表面曾经有过由石油组成的河流。火星表面还经常扬起巨大的尘暴，尘暴会席卷火星大片地区，持续时间相当久。有人认为，火星表面一些地方颜色的变化，就是由于尘埃的移动而产生的。

有人认为，火星的南极帽是由干冰(固态的二氧化碳)组成，而北极帽是水结成的冰。也有人认为，两个极帽都是主要由干冰组成的，都含有少量的水。

火星探测器发回的照片表明，火星的两个卫星形似马铃薯，表面也布满了环形山。有人认为，它们实际上是被火星俘获的小行星或大流星。

由于头几个火星探测器已探明，火星上有生命存在所必需的4种元素：碳、氧、氢、氮，因此，火星土壤中是否有低级的微生物这个问题仍然使人们感兴趣。美国在1975年发射两个"海盗号"探测器的主要目的就是为了考察火星上是否存在低级生命形式。"海盗号"进行了3种检测火星土壤微生物的实验。在实验中，火星土壤加进了不同的营养液以后，的确起了变化，释放出了氧气、二氧化碳等气体，可是科学家进行仔细分析研究后认为，释放出的气体不是由生物新陈代谢产生的，而可能是某种化学反应的结果。这就是说，不能认为这些实验找到了生命存在的证据。

但是，即使"海盗号"着陆区表层没有微生物，表层以下较深处以及火星其他地区是否有微生物，仍然是个谜。美国天文学家最近在火星赤道以南发现一些地区水分含量比其他地区高得多，这些水分不是以湖沼形式存在，而是在火星的表面以湿地或地下小水塘群的形式存在。这些地区夏季温度也比较适当。这里是否有可能存在低级的生命形式呢？人们仍在期待揭开火星之谜。

进军火星的新征程

20世纪80年代中期，世界上又掀起新一轮火星探测热潮。

苏联在1985年使用气球使航天器材降落至火星表面，虽然成功，但是持续时间不长。气球只能随风飘扬，不能控制着陆点。

1988年7月7日和12日，苏联又相继发射"福波斯"1号和2号两个火星探测器,但它们在太空飞行200天到达接近火星的轨道后与地面失去联系,探测失败。1996年,俄罗斯发射"火星96"航天器,但航天器未能离开地球轨道,坠入太平洋中。

美国发射了大量火星探测器,取得了重大成果。

1992年9月,美国"火星观察者号"探测器发射升空,次年8月在进入火星大气层前与地面失去联系。

关于火星上是否有生命的争论已经持续了许多年。存在生命的一个重要前提是有水。科学家们设想,火星在诞生之初曾像地球一样拥有大量水。为了彻底搞清这一重大问题,从1996年起,美国开始实施"火星生命计划",即每隔26个月发射1~2个不载人火星探测器,以便最终确定火星上是否存在生命。

1996年11月,美国发射"火星环球观测者"探测器,探测器于1997年进入围绕火星运行的轨道。1996年12月,美国"火星探路者号"探测器携带"索杰纳号"火星车发射升空,1997年7月4日在火星阿瑞斯平原着陆。"索杰纳号"火星车在火星上实地考察,获得很大成功。"火星探路者"发回了数千张火星地表照片,其中包括许多特写镜头和360度彩色全景照片。人们从这些照片得知,火星阿瑞斯平原看起来就像地球上的荒漠。同地球一样,火星上也有山脉,有丘陵,有沟谷,甚至还有陨石坑。

1998年12月,美国"火星气候探测者"发射升空,次年9月在进入火星大气层时烧毁。1999年1月,美国发射"火星极地着陆者"探测器,它在预定着陆时间过后下落不明。

2001年4月,美国发射"火星奥德赛"探测器。10月,探测器进入火星轨道。"火星奥德赛"探测器发现火星表层下 1 米深处有混在土中的冰,其范围从火星南极绵延到南半球,预估水量可装满两个密歇根湖。密歇根湖是美国的大湖,面积约 5.78 万平方千米,最深达 281 米。有人还认为火星上的水远不止这些。但是,这一问题尚有争议。

2003 年 6 月 10 日,携带"勇气号"火星车的美国"火星流浪者号"探测器发射升空。7 月 7 日,"勇气号"的孪生兄弟"机遇号"火星车发射升空。

2007 年 8 月 4 日,美国发射了"凤凰号"火星探测器。它于 2008 年 5 月 25 日成功降落在火星北极附近区域,降落 2 小时后传回第一批图片。6 月 15 日,"凤凰号"在挖掘火星表面的红土时发现了一些发亮的小方块,在阳光的照射下,4 天后这些小方块消失了。美国宇航局科学家 6 月 20 日正式宣布,"凤凰号"在着陆地点附近挖到的发亮物质是冰冻水,从而证实火星上的确存在水。这是人类通过探测器在地球以外首次获得冰冻水样本。8 月 26 日,太阳落入火星地平线以下的前两天,"凤凰号"在火星北极地区拍摄了类似落日的实景照片,并发回地球。

欧洲和日本也发射了火星探测器,但都没有成功。

欧洲航天局 2003 年 6 月 2 日发射"火星快车"探测器,它携带的"猎兔犬 2 号"登陆器预定于当年 12 月 25 日凌晨登陆火星,但后来地面控制中心未能同它取得联系。

日本 1998 年 7 月发射"希望号"火星探测器,探测器预定于次年 10 月抵达火星,但上天后故障不断,2003 年 12 月,日本宣布这次火星探测使命失败。

火星上出现人类制造的车辆

从 1962 年各国发射探测器考察火星以来,这些探测器带来关于火星的很多信息,基本否定了火星上有生物的可能。但还是有科学家认为,火星上也许局部地区还存在少量低级生物,需要在火星表面搜索,进一步了解火星更广泛地区的情况。20 世纪 70 年代月球车考察月球取得的重大成就也给学者以启示,科学家想到要利用火星漫游车考察火星。

第一代火星车 "索杰纳号"

1996 年 12 月 4 日,美国 "火星探路者号" 飞船携带 "索杰纳号" 火星车启程。经过长达 4.94 亿千米、历时 7 个月的长途旅行后,于 1997 年 7 月 4 日在火星阿瑞斯平原着陆,火星漫游车 "索杰纳号" 降落到火星表面。这是人类制造的车辆第一次出现在火星上。这辆火星漫游车仅有微波炉大小,重约 10 千克,不能离开固定的探测器 "火星探路者号" 太远。这次探测的主要目的是让 "索杰纳号" 在地面工作人员的遥控下在火星上行驶,以实现对火星较大范围的移动考察。

第二代火星车 "勇气号" 和 "机遇号"

2003 年 6 月 10 日,携带 "勇气号" 火星车的美国 "火星流浪者号" 探测器发射升空。2004 年 1 月 3 日,"火星流浪者号" 通过降落伞和气囊缓冲方式,向火星上的古瑟夫撞击坑投下"勇气号",以寻找那里是否有水的踪迹。2003年7月7日,"勇气号"的孪生兄弟"机遇号"火星车发射升空,2004年1月25日登上火星。

"勇气号"和"机遇号"都是六轮移动火星车,主要靠太阳能电池提供能源。

2月10日,"勇气号"在火星表面行走了21.2米,打破了"索杰纳号"1997年创下的日行走7米的纪录。2月16日,"勇气号"再次刷新了纪录,走了27.5米。

2月5日夜间,"机遇号"进行了首次行走,为寻找那里曾存在水的证据迈出了重要一步。它当日走了约3.05米,途中进行了土壤分析研究。此次行走的目的地是离着陆舱约4.6米的一处外露岩床。它于2月6日抵达那里,进行了取样分析研究,以确定岩石中赤铁矿的含量。

美国宇航局科学家将行驶600米作为判断"机遇号"和"勇气号"原定使命成功与否的硬指标之一。

科学家和工程师事先设立了一系列硬指标,作为判定两辆火星车联合探测计划是否成功的依据。按照规定,除行驶总里程至少达到600米外,每辆火星车都要至少工作90个火星日(约相当于地球上的92天),至少造访8个不同地点,并必须拍下周围环境的立体和彩色全景照片。另外,两辆火星车还需至少在60天中同时处于工作状态。4月下旬,两辆火星车都通过所有"考核标准"。孪生火星车探测计划至此正式宣告取得圆满成功。

两辆火星车的首要任务是寻找火星上存在过水的证据。根据它们各自的发现,科学家已能就此得出肯定的结论。

美国宇航局宣布，"机遇号"和"勇气号"火星车获得了十大发现。

(1)火星曾是一个湿润的星球。

(2)火星车提供的数据使科学家得以创建有关火星温度的详细温度曲线图，还第一次提供了有关火星上存在上升热气流的证据。

(3)第一次拍到火星上类似地球上的云的照片。

(4)"勇气号"给地球拍照。它标志着人类第一次在另外一个遥远的行星上拍摄地球的照片。

(5)"勇气号"拍摄到火星表面尘暴的影像。

(6)根据火星车传回的数据，科学家认为，火星在经历三个截然不同的地质代过程中变得日益干燥。如果火星上确有生命存在，那它们也只能在火星幼年时期存活。

(7)在火星岩石内部发现了高浓度的硫黄，这也就是说，火星就像臭鸡蛋一样发出臭气。

(8)发现火星上的"星外来客"。"机遇号"2005年发现了一块篮球大小、由铁和镍构成的岩石。这块岩石是迄今为止人类在另外一个星球上发现的第一块陨石。

(9)火星曾发生过强烈的火山喷发。"勇气号"在它的登陆点古瑟夫撞击坑发现了玄武岩，这一发现有力地暗示了该地区可能是一场火山喷发的产物。

(10)在近两年的长途跋涉之后，"机遇号"到达维多利亚撞击坑，并进行了对维多利亚撞击坑的考察。

新一代火星车——核动力火星车

美国宇航局于 2011 年 11 月向火星发送了火星车"火星科学试验室"（MSL，又名"好奇号"火星探测器）。它是目前研究火星表面最大和装备有最先进仪器的火星车。"好奇号"火星探测器是世界上第一辆采用核动力驱动的火星车，它的任务是探寻火星上的生命元素。

"好奇号"火星探测器在 2012 年 8 月抵达火星。它经过 56300 万千米的旅程，最终在火星伊奥利亚沼着陆。

这种新一代火星车约有一辆吉普车大小，比此前在火星上工作的"勇气号"和"机遇号"大几倍；其穿行能力也有更大改善，可在坡度为 60 度的斜坡上正常行驶；它依靠核能来工作，使用放射性同位素电力系统，因而可大大增加漫游车的行程和使用寿命，提高其开展实验活动（如钻探）的能力。新型火星车最引人注目的是用"天空起重机"登陆。它还能对火星上一些"死角"进行考察，进一步探索火星上是否有生命存在。

用于"好奇号"火星探测器的核反应器由美国能源部研制。核反应器动力通过钚衰变获得。因此，"好奇号"火星探测器动力源可以在火星表面上维持一年或一年以上的研究。另外，"好奇号"火星探测器还安装有太阳能电池，有助于整个使命的完成。

跳跃式火星漫游车

后来，美国科学家又设计了一种新颖的火箭发动机，它能利用火星大气制造出燃料。安装这种发动机的"跳跃式火星漫游车"可以进入非常复杂的地形进行考察。它可以在任意地方着陆进行探测。当它在某一地点进行探测时，燃料制造系统就自动利用火星大气来制造燃料，接着它又跳到另一个探测地点工作。

美国科学家说，"跳跃式火星漫游车"一下子能跳多高、多远，这与它在一个地点停留的时间有关，因为停留时它要制造燃料，停留时间越长，制造出的燃料就越多。漫游车停留 50 天，可跳 500 米远、300 米高；停留 68 天，可跳 1000 米远，400 米高；停留 100 天，可跳 2000 米远，600 米高；停留 155 天，可跳 4000 米远，800 多米高。也就是说，这种跳跃式漫游车可以穿越峡谷，跳过悬崖。

各国进军火星的规划

美国从 1996 年起开始实施"火星生命计划"，期望尽快取回第一批火星岩石和土壤标本，以确定火星上是否有生命。随着"取样返回"任务的完成，美国"火星生命计划"也将结束。此后，美国将为载人火星探索做各种准备，期望最终实现载人登陆火星。

据英国广播公司报道，美国宇航局 2007 年拟订了载人登陆火星的新计划，打算在 2031 年 2 月派宇航员远征火星，届时宇航员将在火星停留 500 天。宇航员登陆火星前，美国宇航局将分别于 2028 年和 2029 年向火星发射货运登陆舱和火星地面居住舱，为宇航员在火星上登陆和工作做准备。美国宇航员登陆火星后，将在火星地面居住一段时间，最长可以达到 16 个月。在这期间，宇航员将使用核能为工作和生活提供所需的动力。由于火星没有空气和水,宇航员登陆火星时,将使用"密闭循环"生命维持系统,不断循环使用空气和水。为了在火星上长期生存,飞船还将种植一些蔬菜和水果,供宇航员食用,同时也让宇航员有一种生活在地球上的感觉,有利于其身心健康。

鉴于这将是人类最为复杂的太空远征,美国宇航局还计划在月球上对登陆火星进行预演,以确保万无一失。

欧洲航天局2004年2月3日正式宣布了雄心勃勃的"曙光"超大规模星际探索计划的目标:力争在2030年到2035年间向火星发射一艘载人飞船,实现欧洲宇航员登上火星的梦想,零距离探索这颗行星,揭示它历史上的沧海桑田。

欧洲航天局"曙光"计划负责人说,在实现火星登陆之前欧洲要先实现月球登陆。欧洲航天局制定了"路线图":在2010年,向火星发射无人飞船,获取火星上的物质并运回地球研究;2020—2025年,欧洲宇航员将登上月球,为人类在外星球生存积累经验;从2026年开始,欧洲火星登陆的准备工作将陆续完成;2030—2035年,欧洲宇航员将登上火星。

俄罗斯联邦航天局2008年正式启动"火星500"计划。6名"机组人员"(模拟宇航员)将在一个由金属制成的桶状模拟太空船内度过520天时光。模拟太空船共分5个小舱。6名模拟宇航员将经历一场全方位的"火星模拟旅行"。通过对太空飞行的高度模拟,科学家能够随时测量人体在模拟太空条件下的健康状况和生理反应,为未来的真正航行积累宝贵经验。

俄罗斯联邦航天局官员2007年8月31日在一次会议上表示,俄罗斯在 2035 年之前可能不会尝试载人火星之旅。他说,载人火星飞行还只是长期想法,因为目前存在诸多困难,包括火星上极端恶劣的生存条件现在还无法克服,现有航天器还不足以保障宇航员在火星上生存并能在任务结束后返回地球等。

2007 年 3 月 26 日,中国航天局与俄罗斯联邦航天局在莫斯科签署协议,双方确定于 2009 年联合对火星及其卫星"火卫一"进行探测。根据合作协议,俄方的"火卫一土壤样品返回"空间飞行器(简称"福布斯"探测器)与中国第一个火星探测器"萤火一号"将由俄罗斯运载火箭同时发射。"萤火一号"于 2011 年 11 月 9 日在哈萨克斯坦拜科努尔航天发射场搭乘俄罗斯运载火箭发射升空。遗憾的是,此次发射失败,"萤火一号"连同"福布斯"探测器坠落在太平洋海域。*

火星将成为人类移民的新世界

火星表面的环境是八大行星中最接近地球的。

火星自转轴偏向 25.19 度,跟地球的 23.44 度相近。火星自转速度是 1.026 个地球日。对于火星表面的温度,科学家们有不同看法。一些人认为,火星表面温度白天可达 28℃,夜晚可低至 -132℃,平均温度 -57℃。有人认为,火星表面温度是 -87℃到 5℃。但大部分人都认为,火星表面与地球表面的温度相差不多。火星上也有与地球

---

* 2021 年 5 月 15 日,中国"天问一号"探测器成功登陆火星,"祝融号"火星车开展为期 90 个火星日的巡视探测——编辑注。

相似的四季之分,一天的时间与地球相似,人类移居火星以后,不需要改变生活作息习惯。虽然火星的直径只有地球的一半多一点,体积比地球小得多,但总体看来,它比地球的另一个近邻——金星宜人得多。

因此,人们对于未来对火星的研究充满兴趣和期待。火星探测21世纪将继续进行下去,并得到更大的发展。

人们最初也许会继续发射一些无人探测器,随后将发射能回到地球来的火星探测器。这些探测器能够将火星表面和地下的岩石、土壤样品带回地球,以进一步检验火星上是否存在低级生命形式。

接着,人将亲自登上火星,对火星进行短时期实地考察。以后还将在火星上建立永久性的有人常驻的考察站。

科学家甚至设想,人类也许能学会改造火星的环境,使之适合人类居住。首先,要进行让火星表面变暖的实验。科学家提出,只要向火星大气中释放出类似甲烷或一氧化碳的"绝缘"气体,就能让火星气候变暖,将火星表面的温度提升到5℃,而这种温度,同墨西哥松树葱郁的奥里萨巴火山4200米高处的温度已经非常相近。之后,人类就可以把微生物带到火星上,进行光合作用。最后,科学家可以通过载人飞船登陆火星,在火星表面种树。火星气温升高,火星极地的冰帽就可以融化形成海洋。人类有望于100年内在火星种上树木。一旦火星种树计划成功实现,那么这个贫瘠的行星在未来几个世纪将会被人类改造成一个拥有绿色平原、蓝色湖泊和丰富矿藏的绿色星球。

在遥远的将来,人类将越来越多地移民到火星上去永久居住。火星将逐步被开发成一个人口众多、生机勃勃的繁荣世界。

金星——蒙面纱的行星

金星是天空中最亮的天体之一，其亮度仅次于太阳、月球，居第三位，因此成为人类最早认识的行星之一。我国春秋时代编成的《诗经》就有"东有启明，西有长庚"的诗句。金星公转轨道在地球公转轨道之内，因而金星只能于清晨在东方天空或黄昏在西方天空见到。我国古代分别称之为"启明"和"长庚"，又称为"太白星"或"太白金星"。

在太阳系中，金星是同地球最相似的行星，被称为地球的"孪生姊妹"。

金星围绕太阳运行（公转）的轨道，在地球公转轨道的内侧，因此被称为"内行星"。

金星是离地球最近的行星，在最接近地球的时候，离地球约4000万千米。金星同太阳的平均距离为10800万千米，比地球距太阳近4000万千米多一点。它的质量为地球的82%，直径是地球的95%，密度也是地球的95%。如果宇航员来到金星，他将发现自己的体重同在地球上差不多。

金星外面也包着一层浓厚的空气，不过空气的成分和地球上的很不一样。金星大气中，二氧化碳最多，占96%以上。同时还有一层厚20～30千米的由浓硫酸组成的浓云。金星大气压约为地球的90倍。金星表面温度约480℃。

金星没有卫星，因此在金星上看不到美丽的月亮。

金星是离地球最近的行星,但是,由于金星外面包含着厚而浓密的大气和云层,它们像一块蒙面纱巾,遮住了金星的脸庞,人们在地球上无法看清金星的真面目。直到 20 世纪 50 年代末,人类对金星的认识还是相当模糊的,当时有许多推测在今天看来是完全错误的。

金星的自转很特别,是太阳系内唯一逆向自转的大行星,自转方向与其他行星相反,是自东向西。因此,在金星上看,太阳是西升东落。金星绕太阳公转周期约为 225 地球日。金星自转周期——也就是金星的"一天",相当于 243 地球日。这就是说,金星的"一天"比"一年"还长。

最使人感兴趣的问题是金星上究竟有没有生命,科学家对此提出过各种各样的看法。有人认为金星上是一片汪洋大海,不可能有生命;有人认为金星上的情况和几千万年前的地球差不多,有巨大的羊齿类植物;还有人认为金星正处在生命开始发生的阶段。有的科学家认为,金星上的温度高,那里的植物应当是金黄色的。

半个多世纪以来,一些国家先后派出一艘又一艘的不载人的宇宙飞船到金星去考察。关于金星的谜,已经揭开不少,看来不用多久也许就能彻底解答。

30 年金星考察成果

从 1962 年第一次实现对金星近距离考察到 1990 年为止,从地球上一共发射了几十个金星探测器。30 年直接考察的成果,逐步揭露了太阳系的这个神秘行星的真实面目。

到金星去直接考察

从 1961 年到 1983 年为止,苏联发射了"金星 1 号"到"金星 16 号"共 16 个金星探测器。

1961 年发射的第一个金星探测器"金星 1 号"没能取得探测成果。"金星 4 号"1967 年第一次实现了在金星表面硬着陆。

苏联"金星 1 号"金星探测器

1970 年"金星 7 号"第一次实现了在金星表面软着陆,成为第一个到达金星实地考察的"使者"。它首次向地面传回金星表面温度等数据,测得金星表面的温度为 447℃,气压为 90 个大气压,大气密度大约为地球的 100 倍。

"金星 9 号"和"金星 10 号"1975 年发回了第一批从金星表面拍摄的黑白照片;"金星 13 号"和"金星 14 号"1982 年发回了第一批从金星表面拍摄的彩色全景照片,并对金星土壤进行了化学分析。1984 年 12 月,苏联发射两个"金星-哈雷号"探测器飞往哈雷彗星考察,

"金星"9 号、10 号拍摄的金星表面

它们飞行途中于 1985 年 6 月先后向金星释放了浮升探测器——充氢气球和登陆舱。它们携带的电视摄像机对金星云层进行了探测,发

现金星大气层顶有与其自转方向相同的大气环流，速度高达 320 千米 / 时。登陆设备还钻探和分析了金星土壤，向地面发回了宝贵资料。

美国从 1962 年到 1974 年共发射了 10 个"水手号"金星探测器。"水手 2 号"1962 年第一次成功地对金星进行了近距离考察。"水手 10 号"1974 年第一次发回从金星附近拍摄的金星照片。

1978 年，美国发射了两个"先驱者－金星号"探测器。"先驱者－金星 1 号"成为第一个人造金星卫星，在以后的两年期间绘制了金星表面 93% 面积的地图。"先驱者－金星 2 号"有 4 个子探测器在金星上着陆，其中一个撞击金星后没有损坏，继续在灼热的金星表面上工作了 68 分钟，取得了一批实地考察数据。

1989 年 5 月，美国"亚特兰蒂斯号"航天飞机把一个以 16 世纪葡萄牙航海家麦哲伦命名的探测器带上太空，将它送上飞向金星的旅途。"麦哲伦号"探测器装有先进的电视摄像雷达系统，能透过厚实的云层测绘出金星上足球场大小的物体图像。它于 1990 年 8 月飞临金星附近考察，每隔 40 分钟向地球传回测得的数据和拍摄的照片。4 年期间，它拍摄的照片覆盖了金星表面的 98%，对研究认识金星上的地质地貌提供了形象的资料。1994 年 10 月 12 日，探测器与地面失去无线电通信联系。

1989 年 10 月 18 日，美国"亚特兰蒂斯号"航天飞机将"伽利略号"木星探测器升入太空，将它送上飞往木星的旅途。1990 年 2 月 9 日，"伽利略号"飞过金星时做了顺路探访。

面纱下的金星奇异容貌

这些考察逐步揭开了金星的面纱,使人们看到了它的奇异容貌。

令人失望的是,金星上不仅没有高级的智慧生物,连任何形式的生命也没有,没有河湖和海洋,只有一片荒凉的大地。金星的地面不像月球、水星、火星那样有众多的环形山,地势相对说来比较平坦。金星上两大高地中的伊师塔地,高度与西藏高原相近,但面积为后者的两倍。高原东面耸立着金星最高的山——麦克斯韦山脉,其最高峰高度超过 11000 米,比地球上的珠穆朗玛峰还要高得多。金星上有一条从南到北穿过赤道的大裂谷,长达 1200 千米。

1982 年 3 月传到地球的金星彩色照片表明,金星的天空是橙黄色的,云是橙色的,地面的尘土和石块则是橙褐色,间以绿色和少量蓝色。金星真是名副其实的金色行星!

金星表面大气压约为地球的 90 倍(相当于地球海洋 1 千米深处的压力)。大气中二氧化碳含量在 96% 以上,此外含有少量的氮气、氧气和几种惰性气体。金星大气中大量的二氧化碳能让阳光通过,照热金星表面,却不让热辐射回太空中,产生"温室效应",使金星表面温度高达近 500℃,在这样的条件下,连锡和铅都会熔化。

金星表面气温基本上没有地区、季节、昼夜的差别。极区的温度甚至比赤道区只高 10℃ 左右。

由于金星浓密的大气和云层把大部分阳光反射回去和漫射开来,金星表面白昼的亮度也不大,类似地球上的阴天。

在离金星表面 3 万到 4 万米的高空,存在着厚达 25000 米的浓云。云的成分主要是浓硫酸雾，并含有一些盐酸微滴。大气中有非常频繁的闪电。金星下雨时，落下的是硫酸而不是水。

金星表面绝大部分地区是古老的玄武岩。这些岩石从形成后即以原始形式保存迄今，研究这些岩石对了解类似行星地质发育过程有重要意义。

科学家认为，金星地质构造活动目前仍很活跃，可能存在活火山。

到目前为止，金星仍然存在许多谜。例如，金星自转方向为什么同太阳系其他行星相反？金星内部的结构如何？金星是如何形成的？目前金星表面是经过大规模的火山活动而重新形成的吗？金星上曾有过海吗？金星上的温室效应是在什么时候、怎样发生的？金星大气的精确化学成分是什么？金星大气中闪电的本质是什么？等等。这些都有待于今后进一步探测解决。也许目前这一代孩子们会有可能参与这些谜题的解决。

新一轮金星探测潮

20世纪90年代初，金星探测停顿下来。在沉寂15年后，一些国家又掀起新一轮金星探测潮。

欧洲"金星快车"奔向金星

2005年11月9日，欧洲航天局发射了15年来第一个金星探测器——"金星快车"飞船。它带着欧洲首次探索金星的使命，从哈萨克斯坦

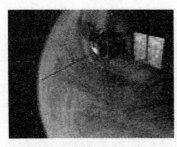
欧洲航天局"金星快车"探测器

境内拜科努尔航天发射场升空。"金星快车"是欧洲的第一个金星探测器,也是迄今金星探测器携带各类探测仪器最多、技术最先进的一个。

"金星快车"的任务是,进入围绕金星运行的轨道,探测金星上鲜为人知而又恐怖的气候。它将扫描金星上空的云层,并深入大气层里探测,完成两大研究:一为研究金星表面复杂的空气动力学和化学成分,借以了解其表面的大气特点;二为研究太阳风对金星表面空气是否有影响,借以理解行星的发展进化。通过这两大研究,欧洲航天局希望回答几个人们普遍关心的问题:金星上为什么有那么高速度的飓风?金星两极上为什么有双旋涡?"温室效应"对金星的气候变化有多大影响?金星表面是否有水、二氧化碳或者硫酸的循环?为什么雷达对金星表面某些地区反应异常灵敏?金星现在还有火山喷发和地震现象吗?

2006年4月11日,飞抵金星附近的"金星快车"完成了减速过程,顺利地进入环绕金星运行的椭圆形轨道。它已取得不少成果。"金星快车"探测表明,金星云层的厚度约为20千米,可延伸至距金星表面65千米的高度。金星云层的结构非常复杂,典型的结构就是在强风的作用下形成细长的云带。金星背对太阳的一面云层覆盖高度可以达到95千米,它的薄雾延伸的高度甚至可以达到105千米。科学家们初步推测,金星上厚密云层的形成可能与水的凝结有关。"金星快车"正在研究金星大气中重水的含量,并将对金星曾经拥有

过的水量进行评估。

俄、美新的金星探测活动

俄罗斯目前正在设计开发全新的金星自动探测器"金星-D"。"金星-D"探测器将是一个寿命更长的星际探测器,它的任务是专门研究金星大气及金星表面、内部结构和周围等离子体。"金星-D"预计将在2029年发射。

美国宇航局、欧洲航天局、意大利航天局1997年10月15日联合发射"卡西尼号"土星探测器。"卡西尼号"1998年4月26日从284千米上空第一次掠过金星,利用金星的引力来加大飞行速度。它绕太阳运行一圈后,于1999年6月25日从603千米上空第二次掠过金星,再次利用金星引力加速后飞往土星。2004年7月1日,"卡西尼号"飞抵目的地土星。

美国1973年11月3日发射"水手10号"水星和金星探测器。"水手10号"1974年2月5日路过金星,从距离金星5760千米处通过,拍摄了几千张金星云层的照片。

美国2004年8月发射的"信使号"水星探测器,它在飞往水星的途中于2006年10月和2007年6月两次飞越金星,顺便对金星进行探测。

美国宇航局还准备将来用混合探测器探测金星。美国"全球宇航"公司在美国宇航局资助下正开发一种把现代气球和卫星结合的探测器。气球由悬挂在其下面的舵掌握方向,这种气球能够飘浮数月时间探测金星。这种探测器能够像卫星一样探测金星,不同的是,探测距离要近得多。美国宇航局认为这个探测器将能够应付金星恶劣的大气环境造成的各种问题。

更多的金星之谜待探揭

从 1962 年到现在,金星的亘古面纱被揭开,许多金星之谜都有了谜底。但是,众多的探测又发现了金星更多的谜。

金星的自转很特别,自转方向与其他行星相反,是自西向东。金星的自转周期约为 243 个地球日,比它绕太阳公转周期还长 18.3 个地球日。金星这种很特别的自转是什么原因造成的?

几十年的探测表明,金星表面目前的温度足以融化铅等金属,而浓厚的硫酸云遮蔽了太阳的光芒,这不是个适合生物居住的地方。这个体积、形态和密度与地球非常相似的姊妹星,诞生时的环境与地球是一样的。金星曾经与地球一样有着大规模的海洋和气候变迁,也许是由于后来的温室效应,金星才逐步成为现在的模样。美国科学家后来的研究认为,金星从诞生开始的 20 亿年时间内曾经是风和日丽适合居住的行星,而这么长的时间足以存在生命演化的过程。人们由此猜测那里曾经也有可能出现过生命。

金星上到底发生过生命演化过程没有?金星上确实曾经有过海洋吗?金星上的温室效应是在什么时候、怎样发生的?

来自欧洲航天局的消息说,1989 年 1 月,苏联发现金星上分布着 2 万座城市的遗迹。同时,美国探测器也发回了有关金星废墟的照片。那些遗迹完全由三角锥形的金字塔状建筑物组成。科学家认为,这种金字塔式的城市可昼避高温，夜防严寒。因此，研究人员推测，金星曾经历过地球现今的演化阶段，那时可能有智慧生物存在。但由于大气成分急剧变化，温室效应疯狂暴发，金星的生态环境彻底改变，最终生命灭绝。

然而，当年的苏联和美国的主流媒体都没有报道过这类"新闻"，这种说法能有多少可靠性？

现在科学家已经在考虑人类向其他行星移民的问题。有学者认为，离地球最近的行星是火星和金星。火星直径比金星小，质量更小得多，火星的引力难以留住比较厚的大气，将火星改造成人类第二家园的难度还很大。而金星的直径、质量、引力与地球相似，一旦人类科技发展到能找出使金星恶劣环境倒转的方法，金星更有希望在新千年中被改造成人类的第二家园。这种设想真能实现吗？怎样才能实现？

这些问题绝不是短期内能解决的，需要许多代人长时期的艰苦探索。

十八、飞向太阳系其他行星

飞往其他行星的路线

人类不会满足于飞向近邻火星、金星，还要飞向更远的水星、木星、土星、天王星和海王星。怎样才能飞向太阳系其他行星？

我们在初中学到的一条几何公理是：两点之间直线最短。那么，宇宙飞船飞向太阳系其他行星时，是否沿着地球到这些行星的直线飞行就是最佳路线呢？

不是。最佳路线反而是一条绕很大的圈子飞行的路线。

我们知道，地球之所以能够在目前轨道上绕着太阳转圈子，既不能跑得离太阳更远，又不会坠到太阳上去，是因为它以 30 千米 / 秒的速度，也就是 108000 千米 / 时的速度在运动。这个速度产生的离心力,恰好和太阳对地球的引力抵消了。

地球和太阳系其他行星都是环绕着太阳转圈子的。它们离太阳有远有近,转的圈子也有大有小。木星、土星、天王星、海王星的公转轨道都在地球公转的轨道外侧,它们比火星离地球远得多,并且一个比一个远。水星在地球公转的轨道内侧,比金星离地球远得多。

如果宇宙飞船在摆脱地球引力以后,它环绕太阳运动的速度比地球公转的速度慢一些,那么太阳引力就会把它拉到地球公转轨道的内侧去。金星和水星的公转轨道都在地球公转轨道的内侧,宇宙飞船的速度降到一定程度就会碰到金星或水星的公转轨道。因此,只要算准了发射的日期,使宇宙飞船跑到金星或水星的公转轨道的时候,金星或水星也正好走到这里,宇宙飞船就可以碰上金星或水星了。

相反,如果宇宙飞船在摆脱地球引力以后,它环绕太阳运动的速度比地球公转的速度快一些,那么就会甩向地球公转轨道的外侧去。火星和木星等的公转轨道在地球公转轨道的外侧,宇宙飞船的速度快到一定程度,就会碰到火星或木星等的公转轨道。因此只要算准了发射的日期,也就可以使宇宙飞船碰上火星或木星等行星了。

怎样才能使宇宙飞船环绕太阳运转的速度,比地球公转的速度快一点或慢一点呢?

前面说过,第二宇宙速度,也就是 11.2 千米/秒,是摆脱地球引力的最低速度。如果使宇宙飞船的速度稍稍大于这个速度,它在摆脱地球引力以后,就会剩下一些速度。如果它是朝地球公转的方向发射的,它这时候的速度就等于剩下的速度加上地球公转的速度。就好像一艘顺流而下的轮船,它的实际速度应该等于轮船本身的速度加上水流的速度一样。这样,宇宙飞船的速度就比地球公转的速度快了,它就会飞向木星、土星、天王星、海王星。但是,依靠这样的办法飞到这些行星需要很长时间,要想用更短时间到达,就需要大大加快速度。

如果宇宙飞船是朝地球公转相反的方向发射的,它摆脱地球引力以后的速度,就应该等于地球公转的速度减去它本身的速度。这样,宇宙飞船的速度就比地球公转的速度慢了。同样,要想用最短时间到达,也需要大大调整速度。

把宇宙飞船直接发射到木星、土星、天王星、海王星等遥远的大行星,如此加速或减速,需要消耗的能源实在太多,宇宙飞船要造得大得多,这不仅要大大提高成本,技术上也有许多困难。这显然不是最佳方法。

后来,科学家研究出了利用其他行星以至太阳的引力来帮忙的办法。

美国"伽利略号"木星探测器于1989年10月18日发射后,不是直接飞向木星,而是首先不停地朝向太阳飞行了两年,1990年2月掠过金星,1990年12月以14290千米/时的速度首次通过地球轨道,再以127100千米/时的速度于1992年12月第二次通过地球轨道,最后以140300千米/时的速度于1995年12月7日到达木星。绕了这么个大圈子,飞行时间就会增加许多。这使得"伽利略号"原本两年半的旅程变成了六年。

美国1997年10月15日发射的"卡西尼号"土星探测器,于2004年7月1日进入环土星轨道。如果仅仅依靠火箭的推力直接飞向土星,并要求它像现在这样在7年之内飞到土星,那么使用的燃料绝不能少于 70 吨。然而，人类当时还不能制造可以携带这么多燃料在太空飞行的火箭。因此，"卡西尼号"采用了与"伽利略号"类似的办法，借用行星的引力来加速。

美国 2004 年 8 月 3 日发射"信使号"探测器。它是人类发射的第一个绕水星运行的探测器。水星距地球约 9100 万千米，如果"信使号"直接飞到水星，只需要 3 个月左右的时间，而飞船为了"刹车"减速进入绕水星轨道就会消耗更多燃料，这意味着需要更大的运载火箭和更高的成本。后来，科学家为"信使号"设计了一条比较省钱的路线。按照这一设计，"信使号"将在发射升空 6 年多后进入绕水星轨道。在飞行过程中，飞船要绕太阳飞行 15 圈，其间一次飞掠地球，两次飞掠金星，2008 年到 2009 年间三次飞掠水星，以利用行星的引力场为自己减速。2011 年 3 月 18 日 12 时 45 分，它进入水星轨道。

这样，"信使号"花费将近 7 年时间才进入绕水星轨道。虽然时间增加了许多，但使用的燃料大大减少，飞行成本降低了很多。而且，增加的时间也没有白白地浪费，"信使号"在掠过水星、金星时对这些行星都顺路进行了探测。

地球的"小妹妹"——水星

过去人们一直认为，太阳系里一共有九大行星。2006 年 8 月在捷克首都布拉格举行的第 26 届国际天文联合会通过决议，把冥王星从太阳系九大行星中除名，把它划为矮行星，并命名为小行星 134340

号，所以现在太阳系只有八大行星。

除了前面讲的火星和金星，地球还有五位姐妹。

最小的"妹妹"是离太阳最近的水星，它像金星一样，也在地球环绕太阳公转的轨道以内，是内行星。其余的几位像火星一样，都在地球环绕太阳公转的轨道以外，是外行星。它们是木星、土星、天王星和海王星。

水星离太阳只有5791万千米。这个距离只有地球同太阳平均距离的1/3。水星同地球最近的距离是8200万千米，是金星同地球最近的距离的两倍多。

我们称水星是"小妹妹"，不仅因为它离太阳最近，简直像偎在太阳妈妈怀里，还因为在八大行星中，它是最小的一个。它的直径是4880千米，只比地球的卫星——月球稍稍大一点儿。由于它离太阳最近，它环绕太阳转一圈的时间也最短，是88个地球日。它自转一圈的时间是59个地球日。

水星的质量只有地球的5.5%。它的密度为水的5.4倍，远远超过太阳系大部分行星。它像月球一样，引力很小，拉不住自己表面的空气，空气差不多都跑光了。

在1962年前，人们一直认为水星自转一周与公转一周的时间是相同的，从而它面对太阳的那一面恒定不变。这与月球总是以相同的半面朝向地球很相似。但在1965年，人们通过观测发现这种看法是错误的。现在我们已经知道，水星在公转两周的同时自转三周。

水星上几乎没有空气，因此成了太阳系中最热的也是最冷的行星。朝着太阳的半面，表面温度约440℃，某些金属，例如锡和铅，在这样的高温下都会熔化。太阳照不到的一面，温度会降低到-160℃以下。2008 年 5 月的测量结果显示水星表面最高温度是 634.5℃，最低温度是−86℃，温差达到 720.5℃。

水星两极的气候还比较温和一些，看来宇航员将来只能在这些地区着陆。1992 年的雷达观察显示，水星含有冻结的水冰。科学家认为，水冰只存在于那永远阴暗一面的环形山底，从行星内部喷发出来并堆积在那里。水星南北极的环形山很有可能成为适合地球上的人类移民的地方。

水星和金星一样，也没有卫星。宇航员在水星上也看不到皎洁的"明月"。

水星的自然条件这样恶劣，看来不会有生命。到目前为止，人们还没有发现水星上有任何生命存在的迹象。

水星表面既有高山，也有平原，大大小小的环形山星罗棋布。据统计，水星上的环形山有上千个，这些环形山比月球上的环形山坡度平缓一些。

人类制造的探测器多次飞向水星

1973 年 11 月 3 日，美国发射"水手 10 号"探测器。它是人类设计的首个执行双行星探测任务的飞行器，也是第一个装备图像系统的探测器。它的设计目标是飞越水星和金星两大行星。

"水手 10 号"重 503 千克，装备有粒子探测器、红外辐射计、紫外光度计和两架高性能照相机。

探测器 1974 年 2 月 5 日在距金星 5300 千米处飞过，对金星做了探测，拍摄了几千张金星云层的照片后，借助金星的引力改变轨道方向，继续朝水星前进。1974 年 3 月 29 日，"水手 10 号"第一次从离水星表面 700 千米的地方通

美国"水手 10 号"金星探测器

过，成为第一个来到水星附近的探测器，首次对水星进行飞近探测。随后它进入周期为 176 天的环绕太阳运行的公转轨道，公转周期正好是两个水星年。"水手 10 号"每绕太阳一圈，水星正好绕两圈。这样，它每次都是在同一地点与水星相遇。

1974 年 9 月它第二次飞掠水星。1975 年 3 月它第三次从水星近处飞掠，距水星表面仅 372 千米。

"水手 10 号"第三次飞掠水星后，耗尽了使它保持稳定位置的气体，因此无法再对这个行星做进一步研究了。

"水手 10 号"这 3 次对水星近距离的观测，拍摄了超过 1 万张的水星图片，涵盖了水星表面积的 57%。

这些非常清晰的水星图像，为人们了解水星提供了珍贵的信息。天文学家惊奇地发现，水星的外貌酷似月球，有许多大小不一的环形山，还有辐射纹、平原、裂谷、盆地等地貌。水星的大气非常稀薄，其表面白天和夜晚的温度相差很大。科学家认为，水星温差变化如此悬殊，绝不可能有生物存在。

"水手 10 号"最后一次飞掠时拍到的照片表明，水星部分表面是平坦的平原。科学家猜测这是火山喷发后的沉积物，类似于月球上

的玄武岩。火山作用被认为是塑造岩石和陆地行星的主要力量。但也有一些科学家认为，水星平原可能也像月球平原那样，是受撞击后被"轰"出来的。由于"水手10号"发回的图像上并没有火山口或者其他的火山特征，这一争论一直没有定论。

"水手10号"发现水星有一个球形磁场，它的强度是地球磁场强度的1%；发现水星有类似地球内核的铁核，铁核的直径约为1600千米；还探测出水星极稀薄的大气中含有微量的氦、氩、氖。这么小的一个星球怎么能产生磁场？这个谜团多年来一直困扰着行星科学家。

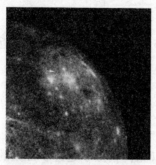
"信使号"探测器拍摄水星火山

美国2004年8月3日发射"信使号"探测器。它是人类发射的第一个围绕水星运行的探测器。"信使"一词是"水星表面、太空环境、地质化学和测量"的英文缩写，概括了它飞向水星的任务。

"信使号"于2011年3月进入绕水星轨道，在此之前一次飞掠地球，两次飞掠金星，三次飞掠水星。每次飞掠水星时它距水星表面最近只有约200千米。

2008年1月14日，"信使号"探测器第一次飞掠水星。这是人类探测器时隔30多年再次飞掠水星。"信使号"这次飞掠水星，完成了一系列任务，包括对人类探测器此前未曾观测过的大片水星区域进行拍摄，测量水星稀薄的大气层，对水星周围的粒子取样等。科学家对水星观测数据的分析结果显示，火山活动在水星表面平原形成过程中起到了重要作用。

"信使号"分别于2008年10月和2009年9月第二次、第三次飞掠水星。

2015年,"信使号"以撞击水星的方式,结束其探测使命。

2018年10月20日,欧洲同日本合作发射"贝皮·科伦坡号"水星探测器。这个探测器是以20世纪意大利帕多瓦大学著名研究人员朱塞佩·科伦坡的名字命名的,他曾完成了有关水星的很多先驱性研究。探测器飞行约70亿千米后将于2025年进入绕水星轨道,开展水星探测活动。这个水星探测器由两个子探测器组成,它们是欧洲航天局研制的"水星行星卫星"和日本宇宙航空研究开发机构研制的"水星磁层卫星"。两个子探测器进入绕水星轨道后分离,分头执行探测任务。前者负责水星表面特征和内部结构探测,绘制水星表面元素构成图;后者负责研究水星磁场状态。

科学家认为,水星是一个在很多方面都表现得很极端的行星。它的温度差异巨大,密度仅次于地球,而且辐射环境条件极其恶劣。尽管如此,它仍是人类必须登陆的候选行星。

15位中国文学艺术家"登上"水星

1976年,国际天文学联合会开始为水星上的环形山命名。水星表面环形山的名字都是以文学艺术家的名字来命名的,没有科学家,这是因为月面环形山大都用科学家的名字命名了。水星表面得以命名的环形山直径都在20千米以上。

在国际天文学联合会已经命名的 310 多个水星环形山的名称中，有 15 个环形山是以中国文学艺术家的名字命名的。其中有：

伯牙：传说是春秋时期的音乐家，善于弹琴。作品有琴曲《水仙操》。相传《高山流水》也是他的作品。

蔡琰（即蔡文姬）：东汉末年的女诗人。她曾在匈奴居留 12 年，之后回归汉朝。相传古琴名曲《胡笳十八拍》是她的作品。

李白：唐代大诗人，人称"诗仙"。他写的诗雄奇豪放，想象丰富，善于从民歌、神话中吸取营养。他有大量脍炙人口的诗作流传于世。

白居易：唐代大诗人，人称"诗王"。他的诗语言通俗，其中不少反映了民间的疾苦。著名作品有《长恨歌》《琵琶行》等。

董源：五代时期南唐画家，擅长画山水。

李清照：南宋女词人。她后期所作的词，多悲叹身世，情调感伤，流露出对中原故土的怀念。

姜夔：南宋词人、音乐家。他所作的《白石道人歌曲》是一部词和乐谱的合集。

梁楷：南宋画家。擅画人物、佛道、鬼神。其存世作品有《泼墨仙人图》《李白行吟图》等。

关汉卿：元代戏曲家。他所作杂剧留存下来的有 60 多种，包括《窦娥冤》《望江亭》等。

马致远：元代戏曲家。其所作杂剧已知有 15 种，现存的有《汉宫秋》《岳阳楼》等。他的一阕小令《天净沙·秋思》，一直传诵至今。

赵孟頫：元代书画家。创"赵体"书法，擅画山水、人物。存世书迹有《洛神赋》《四体千字文》等，画迹有《重江叠嶂图》《红衣天竺僧》等。

王蒙：元末画家。擅画人物、山水，善诗文、书法。存世画作有《青卞隐居图》《秋山草堂图》等。

朱耷（即八大山人）：清初画家，擅水墨画、书法。

曹霑（即曹雪芹）：清代文学家。其作品《红楼梦》是中国古典四大名著之一，享有世界性声誉。

鲁迅：中国现代文学家。

这么多中国文学艺术家的名字"登上"水星，表明世界学术界对中国文学艺术伟大成就的赞赏和对中国文学艺术家的尊崇。

四位"巨人"

同"小个子"水星相反，在火星公转轨道外侧的木星、土星、天王星和海王星的个子特别大。天王星和海王星的体积大约是地球的65倍；土星是510倍以上；木星更大，是地球的1330倍。如果说，水星是地球的"小妹妹"，那么，木星、土星、天王星和海王星同地球相比，简直就是四位"巨人"了。这四位"巨人"有一个共用的名字——类木行星。

别看这四位"巨人"个子挺大，身体可并不太重。木星的质量最大，是太阳系所有其他行星总质量的2.5倍，但也只是地球的318倍，与它的体积不成比例。土星的质量占第二位，是地球的95倍，天王星是15倍，海王星是17倍。这说明它们的比重比地球的比重小得多。它们都是些"虚胖子"。我们知道，整个地球的平均比重是水的

5.52倍。也就是说,整个地球的质量,等于5.52个地球那么大小体积的水的质量。可是海王星的比重只有1.8,木星只有1.3,天王星只有1.27,土星更轻,只有0.71。也就是说,土星的质量比同体积的水还轻。

它们为什么这么轻呢?许多科学家认为,它们不像地球那样基本上是由石头构成的,而可能基本上是由氢组成的。这些行星上的氢,由于巨大的大气压力的作用,可能都液化了。因此这些行星上也许有液态氢汇成的海洋,说不定还有固态氢组成的土地哩。

这四个巨人离太阳都很远,接收到的阳光少,因此是很冷的。据测量,木星上的温度是$-138℃$,土星是$-153℃$,天王星是$-184℃$,海王星是$-201℃$。

在这样冷的行星上,会不会有生命呢?

科学家发现,这些行星的空气中含有大量的沼气,还有许多氨气。在沼气和氨气中,这样低的温度下,地球上的高级生物是不能生存的。可是低级生物是否能够生存呢?这就很难说了。科学家做了这样一个试验,他们把某些细菌、水藻和藓的孢子的水分去掉,放在极干燥的真空中,使温度降到$-271.15℃$,这些孢子仍然不会丧失生命。此外,还有一些细菌可以在沼气中生存,它们不需要氧气。

沼气和氨气可能由碳、氢、氮等元素在某种条件下自然结合而成,也可能是由生物腐烂而生成的。因此有人认为,这些行星上可能存在细菌之类的微生物。

在这些行星上,宇航员可以看到许多“月亮”。这些“月亮”就是它们的卫星。它们到底有多少?有各种各样的说法。最新的看法是,木星有79个卫星,土星有82个,天王星有27个,海王星有14个。

这些行星的卫星，对行星际飞行是很有用的。因为这些行星的引力很大，如果宇宙飞船直接降落在它们的表面上，重新起飞就很困难。例如木星的引力差不多是地球的3倍，这里的第二宇宙速度是地球上的5倍多。宇宙飞船从木星上起飞，要消耗很多燃料。如果让宇宙飞船落在木星的一个卫星上，从那里考察木星，飞船回来的时候，起飞就很方便了。在这些行星的卫星上看天空，景色是十分美丽的。行星变成了大"月亮"。这种"月亮"可真大，几乎遮了半边天。

木星、土星、天王星和海王星都有光环。光环由数以亿计的冰块和石块组成，以各自不同的速度环绕行星运行。土星的光环最为美丽壮观，能在地球上用小望远镜观测到。土星的周围有数百条这样的光环，科学家认为，它们是彗星、小行星或卫星接近行星时被撕碎后形成的。土星光环如此巨大，以至于它们几乎可以填满从地球到月球这样辽阔的空间。

"先驱者"查明木星是流体行星

率先飞向木星的人类制造的装置，是美国的"先驱者10号"探测器。它也是飞向太阳系以外的第一个人造物体。

1972年3月2日，"先驱者10号"踏上征途。之后，它以5万千米/时的速度飞行，用不到一天的时间接近月球，用11个星期接近火星。经过1年零9个月的长途跋涉后，它穿过危险的小行星带，闯过木星周围的强辐射区，于1973年12月3日与木星相会。

它飞临木星后,沿木星赤道平面从木星右侧绕过,在距木星 13 万千米的地方穿过木星云层,拍摄并发回了第一批 300 多张木星近景照片,并进行了 10 多项实验和测量,向地球发回第一批木星资料,为揭开木星的奥秘立下头功。

"先驱者 11 号"是第二个研究木星和外太阳系的空间探测器。它比"先驱者 10 号"晚一年出发,1973 年 4 月 6 日发射。它以探测土星为主要责任,但也探测了木星,曾经飞到了离木星仅 40000 千米的地方,拍摄了少量照片。

"先驱者"10 号、11 号揭开了木星许多重要的奥秘。

科学家根据"先驱者"10 号和 11 号的观测资料,建立了同过去流行的观念很不一样的木星内部结构模型。这个模型表明,木星没有固体表面,而是一个流体行星,主要由液体和气体组成。木星的主要成分是氢和氦,氢和氦的比例类似太阳的大气。木星中心则有一个主要由铁和硅构成的固体核。木星核的外面是以氢为主要元素组成的厚层,称为木星幔。

"先驱者号"探测器的探测表明,木星具有比地球更大、更强的磁场和辐射带。木星磁场的方向正好与地球磁场相反。这就是说,地球上指北的罗盘搬到木星上将指向南方。

"先驱者"10 号、11 号在探测木星以后,都利用木星的强大引力去改变自己的轨道,飞向土星,最终飞向了太阳系以外。

"伽利略号"探测器飞向木星

1989年10月18日，美国宇航局用"亚特兰蒂斯号"航天飞机把"伽利略号"木星探测器送上飞往木星的旅途。"伽利略号"是人类第一个直接专门用于探测木星的航天器。它是当时世界上研制

"伽利略号"木星探测器

和发射的结构及性能最为复杂、技术最为先进的行星际探测飞船。"伽利略号"木星探测计划由美国和联邦德国联合进行。

"伽利略号"考察目标是木星及其众多的卫星

这个专门探访木星的探测器重2550千克，是不规则长形体，大小相当于一辆跑车，装有两台放射性同位素热电发生器，为探测器提供能量。飞船配备了摄像机、近红外勘测分光仪、磁强仪、测云仪、大气结构仪等17种科学仪器，用于对木星大气层构成、云层结构、温度、磁场等方面的勘测和研究。

它的主要考察目标是木星及其众多的卫星。"伽利略号"由木星轨道器和大气探测器两部分组成。在到达木星前约150天，两者分离，轨道器环绕木星运行探测；大气探测器深入木星大气层考察。

大气探测器总重约339千克，其中仅防热壳就重达220千克。它的测量数据，经轨道器中继发送到地球。

拍摄彗星撞行星的壮观情景

1990 年 2 月 9 日，"伽利略号"飞过金星，1990 年 12 月、1992 年 12 月两次通过地球轨道，对金星做了"顺路"探访，进行红外观测。

"伽利略号"在掠过小行星带时，对 951 号小行星和 243 号小行星进行了精密观测，发现了 243 号小行星的卫星。

在 1994 年发生的苏梅克·列维九号彗星撞木星的天文奇观中，这颗彗星猛烈撞击木星产生的威力，比全世界的核武器爆炸能量加起来还多。"伽利略号"观测了这颗彗星的碎片撞入木星的过程，拍摄了壮观的情景。这也是"伽利略号""顺路"获得的重要成果。

出色完成考察任务

"伽利略号"抵达木星前 150 天，于 1995 年 7 月释放一个大气探测器。大气探测器围绕木星飞行了 22 个月，拍摄了木星及其卫星的大量照片。随后，大气探测器冲入木星的大气，与木星大气摩擦使它的表面温度高达 780℃。在打开降落伞减速之后，大气探测器与抵挡高温的挡热板脱离，独自承受木星的风暴、高温和巨大的压力。大气探测器在打开降落伞徐徐下降的过程中，展开了各种测量工作，成功地发回了信号，大大地增加了人们对木星大气的了解。随着高度的下降，大气压力和气温越来越高，最后高达 20 个大气压，这时，大气探测器被大气压垮，探测工作被迫终止，整个工作历时约 1 小时。之后，大气探测器被与木星大气摩擦产生的高温烧毁。

1995 年 12 月 7 日，"伽利略号"轨道器抵达木星，随后绕木星飞行了 34 圈,对木星大气层和辐射带进行了详细考察。

在"伽利略号"到达木星之前,人们一共发现了木星的 16 个卫星。"伽利略号"到达后又发现了多个卫星。现在,木星已知的卫星数上升到 79 个。

"木卫二"可能存在生命

"伽利略号"发现在木星的卫星"木卫二"等 3 个卫星的地下有咸水,还发现木星另一个卫星上有剧烈的火山爆发。它第一次拍到了"木卫二"有海洋的照片,这让人们看到了外星生命存在的希望。

探测器原定约 2 年的使命先后被 3 次延长。在 1995 年 12 月飞抵环木星轨道后的 7 年多时间内,它创造的纪录有:绕木星运行 34 周,与木星主要卫星 35 次相遇,发回 1.4 万张照片,在木星的 3 个卫星上发现了地下液态盐水存在的证据,第一次从轨道上对木星系统进行了完整考察,第一次对木星大气进行了直接测量。

"伽利略号"探测器传回的资料表明,"木卫二"的表层下可能存在海洋。这一资料为科学家们早先作出的"木卫二"上有水的假设添加了新证据,并引起了生物学家对"木卫二"上是否存在生命的争论。

如果发现有水的迹象,那就意味着可能有生命存在!

"伽利略号"的主要使命不是去外星寻找生命,当它燃料将用尽时,在木星引力的作用下,它的轨道可能发生变化,并可能与"木卫二"相撞。探测器在设计时没有经过消毒处理,这可能导致地球的微生物渗入"木卫二",影响今后在这个卫星上寻找外星生命的工作。为此,美国宇航局专家们改变了原先的想法,他们原本打算让"伽利略

少儿科普名人名著书系

号"在环木星轨道上运行下去,后来决定,在"伽利略号"燃料未完全用尽、还能控制运行轨道之时,让它葬身于木星。

鞠躬尽瘁,死而后已

"伽利略号"在最后时刻仍在尽职尽责。它首先进入木星上空汹涌的高辐射"粒子海洋"。此前,它已几度进入这一极度危险的"粒子海洋",承受探测器原设计4倍以上的辐射,探测器为此付出了巨大的代价——部分仪器损毁,照相机被震碎,探测器的内载记忆系统损坏。2002年11月,探测器再度进入危险地带,结果承受了相当于一天能致人死亡1000次的强烈辐射。这次,"伽利略号"探测器进入危险地带后,搭载的系统仍然顽强地向地球传回大量的数据。几个小时后,探测器彻底沉默。

2003年9月21日,"伽利略号"在地面控制下坠入木星大气层。美国东部时间9月21日16时,它以大约170000千米/时的速度撞向木星上空的云层,由此产生的相当于太阳表面两倍的高温和巨大的气压在几分钟内将探测器化为乌有。

"伽利略号"最终坠毁于木星,结束了它近14年、为人类做出了巨大贡献的太空探索生涯。这是美国宇航局自发射太空探测器以来首次控制探测器在地球之外的天体上坠毁。

在"伽利略号"的任务结束后,美国宇航局开始策划发射下一个名为"木星冰月轨道器"的探测器。

2007年美国宇航局解密的文件透露,"伽利略号"探测器在"木卫二"400千米的上空掠过时,敏感的无线电探测器感应到,"木卫二"厚厚的冰层下方传出一种吱吱的叫声。经过近年来的电脑分析,科学家发现,这种吱吱声竟然与地球上的海豚发出的声音十分相似,误差率仅为 0.001%。科学家猜测,如果"木卫二"上真的存在某种形式的生命,它们极可能同海豚类似。

木星卫星"木卫一"的火山、硫河和硫雪

苏联天文学家弗谢赫斯维亚茨基当年提出一个假说,认为木星、土星、天王星乃至它们的卫星表面都有强烈的火山活动。苏联天文学家普罗科菲耶娃在 1974 年发现,木星的卫星"木卫一"的亮度有时略有增大,同时苏联另一处天文台也在"木卫一"的光谱上发现了钠、镁、铁和钙的辐射线。它们是从哪里来的呢? 是否与"木卫一"的强烈火山活动有关? 这在当时是无法证实的。

美国发射的"旅行者 1 号"探测器,1979 年 3 月对"木卫一"的近距离观测证实,"木卫一"上有火山。

强烈的火山活动

美国 1977 年 9 月 5 日发射的飞向太阳系以外的探测器"旅行者 1 号",1979 年 3 月 5 日飞到了木星附近,它在 48 小时的近距离飞行时间中,对木星的卫星、环、磁场以及辐射环境做深入了解及拍摄,发回了从木星附近收集的信息,包括"木卫一"的照片。美国宇航局的科学家研究了"木卫一"的照片,发现"木卫一"圆面边缘的外面有由

火山爆发喷出的烟尘、气体和其他产物形成的巨大的柱。这是最令人惊讶的发现。"木卫一"的火山活动，不仅此前没有在地球上观察到，就连美国早先发射的"先驱者"10号和11号探测器也没有观察到。

从拍摄到的这个天体的照片上，可以确定无疑地看出起码有3个火山烟尘柱。这些烟柱的高度证明，"木卫一"火山微粒喷发的速度竟达到了1千米/秒。而在地球上即使像意大利埃特纳火山那样极为猛烈的爆发，喷出的速度也不过50米/秒。

"木卫一"的周围有一圈烟雾围绕，看起来很美。烟中发现有硫。此外，在"木卫一"漂亮的"服饰"中还有一种能反射太阳光线的金色的钠"面纱"。钠原子电离时，辐射一般便会消失。在"木卫一"的条件下，钠原子在非电离状态中平均可以存在20个小时。也就是说，如果"木卫一"的火山爆发哪怕是停歇仅一个昼夜，那么钠原子就会全部电离，我们便看不到这层钠"面纱"。

"旅行者1号"发现，"木卫一"上的火山中，有一座主要的火山突然熄灭了。它在爆发期间使附近堆满了灰渣，起初形成了一个心形小丘，之后变成了正规的椭圆形。

炽热的、无水的类地天体

离太阳近的水星、金星、地球和火星是"类地行星"。后来科学家拓展了这个概念，把所有类似地球那样有固态外壳和地质活动的行星、卫星和小行星，统称为"类地天体"。宇航时代以来，宇宙飞船的探访揭示，大多数类地天体的表面都有外来天体的陨击疤痕——"陨击坑"。

美国科学家从"旅行者1号"照片上发现火山图像的前一周,美国《科学》杂志刊载的一篇文章指出,"木卫一"是整个太阳系里类地天体中最热的一个。文章说:就像月球永远以一侧朝向地球一样,"木卫一"永远以一侧朝向木星。在朝向木星的这一侧表面存在"潮峰"。由于"木卫一"同木星的距离常常有些小的变化,所以"峰"时而升高,时而收缩,上下的幅度约为100米,这种运动可以释放出大量的能量。此外,"木卫一"的深部好像总在玩拔河游戏似的,木星的引力把它向一个方向拉,而相邻的两个木星卫星"木卫二"和"木卫三"则把它拉向另一个方向,这会使"木卫一"温度进一步升高。"木卫一"上的火山爆发能量可能来自它与木星、"木卫二"和"木卫三"之间的这种潮汐力。

研究人员更为关心的还是,"木卫一"的水跑到哪里去了。因为地球上火山爆发时喷出很多的水,有些假说甚至认为,地球上几乎所有的海洋都起源于火山的爆发。那么,是不是"木卫一"从深部往外喷水持续时间太长,水已经耗尽了?

美国科学家给1977年8月20日发射的"旅行者2号"临时增加了一项任务:仔细探测有争议的区域,拍摄照片和光谱。

大量的峡谷和陡坎

1979年7月,"旅行者2号"对"木卫一"一连拍摄了4个昼夜。"旅行者2号"这次总共观测了"木卫一"上9座火山的爆发,证实了"木卫一"在两艘"旅行者"探访期间发生的其他火山爆发。火山爆发造成的烟雾被喷射到"木卫一"表面300千米以上的高空。而火山爆发时物质喷射的速度,更高达1千米/秒。

"旅行者 2 号"还发现了"木卫一"表面上的一些新的特征。

峡谷是"木卫一"上颇具特色的标志。

一些巨大的陡坎比其余地方高出几百米，有时甚至延伸几百千米，还有一些圆场形的、半圆形的以及像手指一样向各方伸开的陡坎。圆场形陡坎和半圆形陡坎围在火山四周，而道道弯弧和"手指"好像是从火山口伸向四面八方。那些直的峡谷散落在各处，同地球上的地壳断裂很相像。

在这之前，除了地球以外，人们只在火星上发现有峡谷。科学家们认为，火星之所以有峡谷，是因为火星的表面以下有冰和水。到了夏季，冰开始融化，表层下陷。然而灼热的"木卫一"表层下面既没有冰也没有水。"木卫一"的峡谷是怎样形成的呢？

天文学家们认为，硫可能是"木卫一"出现峡谷的原因。

硫河和硫雪

"木卫一"没有水的河流，却有另一种独特河流——硫的河流。

在"木卫一"地下 1000 米深的地方，硫和二氧化硫呈固态。二氧化硫随着深度的增加成为液态，而游离硫则是固态。在 2000 米左右的深处，硫也变成液态。

峡谷的边缘和陡壁是处于压力下的物质最容易喷出的地方。它们一遇到合适的隙缝或裂罅，就绝不会错过跑到"世间"来的机会。这样从深部喷流出的硫凝结后就完全可以形成陡坎。

这些由硫和气体构成的混合物从"木卫一"外壳上层的压力中冲出来以后猛烈地沸腾和冒泡。液体硫在形成蒸气时，体积急剧膨胀。

液体硫比固体硫轻，因此，硫的"冰块"会慢慢地潜入熔融物表面以下。如果气体和在此时结晶的硫彼此相遇的话，那么固体和液体物质的混合物便会不断地膨胀，直到它们的表面压力同外部压力相等时为止。

"木卫一"的大气压力非常低，因此气体从深部流出的速度极大，达到350米/秒。

只有雪才能堵住硫不让它涌到表面上来。当然这不是水组成的雪，而是硫组成的雪。深部的硫喷泉可以把挡住它去路的硫雪层从裂罅中抛出大约70千米远。于是，裂罅附近几十千米的地方几乎都会撒满这种奇怪的硫雪。照片上能分辨出布满这种硫雪层的峡谷和区域。

在地球上也常常有硫流出地表。例如，1936年在日本知床火山坡的裂罅中流出了一条褐色的硫河。这条硫河沿着河谷往下流了1.5千米。但这同"木卫一"上的类似现象比起来简直是小巫见大巫。"木卫一"的几条硫的急流竟延伸了约300千米。

色彩变幻的硫

"木卫一"上这些蜿蜒交错的血红色的河流，常常点缀着煤一样黑的斑点。"木卫一"上也有一些黑色的流。黑流一般都短一些，轮廓常常被冲刷得模模糊糊；红色的流清晰而长；黄色的流则占的面积相当大。

美国康奈尔大学的天体物理学家萨根对这些特点做了解释，他认为，各种形式的硫熔点都在110~119℃之间，硫在熔融温度时变成黄色。硫在150℃时成为橙黄色，180℃时是红色，而在250℃时就变成黑色。沸腾的硫和达到1000℃的硫都有自己所固有的颜色。萨根认为，"木卫一"各区域表面的颜色直接取决于最近的一个火山口的温度和那里硫冷凝的速度。如果硫迅速冷却，那么硫将保持住在温度最高时所具有的颜色。

因此火山口内及其周围的黑斑是硫，其温度起码有250℃。这种硫黏性大，流动缓慢，离火山口远不了。要是它渐渐地冷却，则成为红色或橙黄色。它的黏度很快下降，当遇到陡坡立即形成一道急流，从照片上看到的手指状的亮带便是这种急流。随着温度下降，硫变成橙黄色或黄色，黏度下降到只有水的10倍的时候，这样的熔融物就可以向四面八方随意流动了。"木卫一"的大片黄色和橙黄色的平原大概就是这样形成的。

人类对"木卫一"上的奇异景色已有所认识，但"木卫一"上的奇迹数不胜数，"木卫一"仍是一个充满了谜的世界。

"先驱者11号"飞向土星首次近距离探测

"先驱者11号"于1973年4月6日从地球启程，它的重点是探测土星。

1979年9月1日，"先驱者11号"从距离土星3400千米的地方掠过，第一次拍摄到了土星的照片。它探测了土星的轨道和总质量，测量了土星的大气成分、温度、磁场，发现了F、G两个新光环。

"先驱者11号"还发现土星的辐射带强度远低于地球辐射带的强度。

天文学家说，"先驱者 11 号"发回的大量照片和科学数据，使我们对土星的了解大大增加。

　　探测了土星之后，"先驱者 11 号"飞向天王星，从天王星近旁掠过，随后飞离太阳系。

"卡西尼号"探测器飞向土星

　　"卡西尼号"土星探测器在 1997 年 10 月 15 日发射升空。它是美国宇航局、欧洲航天局和意大利航天局合作的项目，主要任务是对土星系统进行空间探测。"卡西尼号"直径 3 米，高 7 米，重 6.4 吨，是一艘无人宇宙飞船。

"卡西尼号"土星探测器

　　它的全称是"卡西尼-惠更斯号"，由"卡西尼号"探测器及其携带的子探测器"惠更斯号"这两部分组成。前者以在意大利出生的法国天文学家、土星光环环缝的发现者卡西尼的名字命名，它携带了 27 种先进的科学仪器设备，任务是环绕土星飞行，对土星大气、光环和卫星进行历时 4 年的科学考察。子探测器以荷兰物理学家、天文学家和数学家、"土卫六"的发现者惠更斯的名字命名。它的任务是深入"土卫六"的大气层，对"土卫六"进行实地考察。

　　在环绕土星运行的几十个卫星之中，"土卫六"是最大的一个。"土卫六"比水星、月球都要大。它还是太阳系中唯一拥有浓厚大气层的卫星。

利用金星、地球、木星引力加速

"卡西尼号"于 1998 年 4 月在距离金星 284 千米处掠过,利用金星引力获得加速。之后,它绕太阳飞行一圈,于 1999 年 6 月从离金星 600 千米处第二次掠过,获得金星引力的第二次加速。同年 8 月,"卡西尼号"在离地球 1171 千米处掠过,利用地球引力加速。在这以后,"卡西尼号"才飞向地球公转轨道以外。2000 年 12 月,它在离木星约 1000 万千米处掠过,获得了木星引力的加速。这时,它的速度超过了 30 千米 / 秒,向着目的地土星飞去。

经过近 7 年的长途跋涉,"卡西尼号"飞船于 2004 年 7 月 1 日进入环土星轨道。

土星同地球的距离,最近时不到 13 亿千米,最远时也不超过 16 亿千米。"卡西尼号"由于采用了上述迂回的飞行路线,飞往土星的行程长达 35 亿千米。不过,飞行路线虽然绕远了,燃料却大大节省了。

"卡西尼号"来到土星近旁时,同地球的距离超过 15 亿千米,以至于它同地球之间的无线电通信联系单程就要花 84 分钟。于是,对于在"卡西尼号"发生的事情,就有了两个时间,一个是在"卡西尼号"上的时钟记录下来的一件事情真正发生的时间,另一个则是我们地球上的时钟记录下来的我们"看到"这件事情发生的时间,后一时间比前一时间晚 84 分钟。

"卡西尼号"重要发现——"土卫二"具备生命起源三要素

在经过4年的绕土星轨道飞行后，"卡西尼号"探测器已在2008年6月30日圆满完成自己的主要任务。在这4年里，"卡西尼号"探测器取得的重要成果包括：发现了土星的第58、59和60个卫星，发现了"土卫二"上的喷泉，对土星

"卡西尼号"拍摄的土星照片

最大的卫星"土卫六"进行了当时最为详细的研究。"卡西尼号"拍摄了超过14万张的照片，对土星上的62种自然现象进行了研究，完成了对"土卫六"的43次飞掠和对土星其他卫星的12次飞掠。

"卡西尼号"飞船2008年3月12日从"土卫二"表面约50千米的高空掠过，在环绕"土卫二"南极的羽状物飞行，对温度约为−93℃的"热点"实施探测时，发现了高密度水汽以及一些有机化学物，如一氧化碳、二氧化物、甲烷和丙烷，这些都是"土卫二"内部"地球化学"的可能产物。这项发现表明，这个卫星地表下的温度可能足够高，可以维持液态水的存在，而液态水则是生命存在的重要因素之一。美国宇航局的专家说："这意味着大量能量正源源不断进入这个地区的表面……我们认为，'土卫二'地表下约100千米处是一个由液态水和氨构成的海洋。"

美国科学家综合这些情况后说："我们发现'土卫二'上面具备了生命起源的三个基本要素——能量、有机化合物和水。"

2008年6月，美国宇航局的专家们宣布，赋予"卡西尼号"为期两

年的额外探测任务。

在执行这项任务期间，"卡西尼号"根据地面控制中心的指令对土星光环进行极其精确的探测。除了土星光环外，"卡西尼号"还继续对土星的卫星展开观测。探测器在这以后的两年里26次掠过"土卫六"（"泰坦"），7次掠过"土卫二"，以及1次掠过"土卫四"（"狄俄涅"）、"土卫五"（"雷亚"）和"土卫十二"（"海伦"）。"卡西尼号"还对科学家不甚了解的土星磁场展开了更为详细的研究。

这项任务的实施使人类有机会继续揭开围绕在土星周围的层层迷雾。

"土卫六"存在甲烷和乙烷"湖泊群"

"土卫六"是土星最大的一个卫星，音译为"泰坦"。"泰坦"是古希腊神话中力大无比的巨人神。"土卫六"的直径接近地球的40%（5150千米），是月球的1.5倍。它的体积甚至比水星都要大，是太阳系中仅次于"木卫三"（直径5262千米）的第二大卫星。

科学家认为，"土卫六"是"太阳系中非常独特的星体"。它是太阳系中唯一拥有大气层的卫星。

"土卫六"表面温度极低，赤道地区的地表温度约为–180℃。科学家们认为，"土卫六"的大气中含有氮和甲烷，但过去一直不知道来源。

美国科学家2006年7月24日宣布，"卡西尼号"探测飞船从距离"土卫六"不到950千米处掠过时，发现它的北极附近存在一个"湖泊群"。

研究人员从雷达图像中数出了十几个"湖泊","湖泊"从 10 千米宽到 100 千米宽不等。这些巨型"湖泊"中存在着液态的甲烷和乙烷。

有些"湖泊"彼此由水道连在一起。部分"湖泊"已经干涸，但另一些"湖泊"中有液体，似乎主要是液态甲烷和液态乙烷的混合物。

2004 年"卡西尼号"飞船曾经发现"土卫六"的南极有一个与美国著名大湖安大略湖面积相当的液态碳氢化合物湖。但这次是人类第一次发现数量这么多的类似"湖泊"。

美国天文学家说："我们认为甲烷气体在'土卫六'的大气层中分解，然后聚合成雾状云，并以甲烷雨的形式降落在'土卫六'表面。'土卫六'不断释放出甲烷气体到大气中，但'土卫六'内部的甲烷从何而来，至今仍然是个谜。"

"卡西尼号"飞船的子探测器"惠更斯号" 2005 年在"土卫六"表面着陆，传回一批非常珍贵的探测数据。

科学家们通过分析"惠更斯号"探测器对"土卫六"的观测数据，证实"土卫六"大气层中存在着雷电风暴等自然电活跃性活动。长期以来，科学界不少人认为，有机分子、早期生命形式可能形成于行星或卫星具有雷电风暴的高层大气层中。

探测器飞向哈雷彗星

如果说，八大行星都是太阳的"乖儿子"，它们一个个都循规蹈矩地沿自己的公转轨道围在太阳妈妈身边转圈，彗星则是调皮的孩子，它们有时跑得远远的,似乎消失得无影无踪,有时又不知道从什么地方钻出来,一直跑到离太阳妈妈很近的地方,依偎在太阳妈妈身旁。后来,科学家发现,它们也还是守规矩的,不过它们的规矩同八大行星有所不同。人们最早查明的,是哈雷彗星的"规矩"。17世纪末,英国天文学家哈雷第一次算出它的运行周期为76年,预言它将在1758—1759年再度出现。他的预言应验了,从此这个彗星就被命名为哈雷彗星。

引人注目的哈雷彗星

我国学者很早就注意到哈雷彗星。我国史书《春秋》早在公元前613年就有了世界第一次关于这个星出现的确切记载。从公元前240年起,哈雷彗星每次出现,我国都有记录。世界公认,我国关于哈雷彗星的记载是最早、最完整的。

彗星,我国民间俗称扫帚星。"彗"的意思也是扫帚。大多数彗星都在很扁的椭圆形轨道上绕太阳运行。当它运行到离地球很近时,我们才能看见。由于它出现的机会不多,来去匆匆,外形古怪,在古代每次出现都被认为是不祥之兆,预示将有刀兵、瘟疫等灾祸降临人间。

现代天文学兴起后,彗星的本质才初步弄清。目前天文学界普遍认为,彗星是一种质量很小的天体,由彗头和彗尾两部分组成。彗头的中心是彗星的基本部分,叫作彗核,是一团"脏雪球",由冰块、尘埃和冰冻的气体组成。当彗星临近太阳,被太阳晒热,它的冰化成气体,这些气体夹杂着尘埃在"太阳风"的压力下朝着与太阳相背的方向伸展开时,就形成了扫帚形的彗尾。

天文学家通过天文望远镜、光谱分析等地面观测手段，初步弄清了彗星的化学成分、物理性质、彗尾成因等。直接探测哈雷彗星，不仅可以验证对彗星的现有认识，还有助于揭开一系列的太阳系之谜。也有人设想，探测彗星有助于找出地球上某些物种大规模灭绝的原因。

哈雷彗星的原始质量估计小于 10 万亿吨。如取近似值，彗核平均密度为 1 克 / 立方厘米，则彗核半径应小于 15 千米。人们预估它每公转一圈，质量减少约 20 亿吨，这只是其总质量的很小一部分，因此它还会存在很久。

哈雷彗星每隔 76 年回归到太阳附近一次。上一次回归是在 1986 年，在这一年 2 月 9 日通过近日点。美国帕洛马天文台的望远镜在 1985 年 10 月 15 日就已发现了刚从远方回归的哈雷彗星。这次哈雷彗星回归是对它进行考察的最佳机会。由于探测彗星具有重大的科学意义，科学家们非常重视利用哈雷彗星回归的时机，把自动探测器发射到哈雷彗星上去，对这个"怪物"进行实地考察。1983 年 4 月，苏联、美国以及西欧一些国家的科学家在苏联基辅市举行了关于发射自动探测器到哈雷彗星上进行"现场考察"的国际会议，协调各国在这方面的工作。

探测哈雷彗星的目的是，确定彗核的体积、质量、化学和物理成分以及彗核抛射物质的原因，查明彗尾的成分，调查彗星大气的化学、物理和同位素成分以及彗星同太阳风相互作用的本质等。考察哈雷彗星对于进一步认识太阳系形成的初始条件和弄清地球的生命起源问题都有重大意义。

人类发射自动探测器飞近彗星，进行直接考察，这是第一次。

"金星-哈雷号" 探测器的成果

1984 年 12 月 15 日,苏联发射第一个"金星-哈雷号"探测器。这个探测器的俄文名称由俄文Венера(金星) 和Галлеякомета(哈雷彗星)两词的第一个音节Be和Га组成,也译为"韦加号""维加号",还有人根据它的英文拼写 Vega 译为"织女号"。

苏联发射的"韦加号"探测器是第一个造访哈雷彗星的人类使者。6 天之后,"韦加 2 号"接着升空,同"韦加 1 号"结伴飞往哈雷彗星进行考察。

两个"韦加号"结构相同,质量均为 4 吨,都有一个碟形天线和仪器平台。平台上装有分光计、摄谱仪和照相机等,4 块太阳能电池板为探测器提供能源。探测器由三轴陀螺仪保持稳定,并使它指向任何方向。它们的主要任务是在哈雷彗星回归期间探测彗星的气体成分及其外流速度,拍摄彗核的红外和光谱照片,从而获取彗核的温度、尘埃质点和气体分子的性质、密度分布等数据。

1985 年 6 月,"韦加 1 号"首先顺道到达金星,向金星表面投放了登陆舱,然后在金星引力作用下,转入行星轨道,飞向哈雷彗星。1986 年 3 月 4 日,"韦加 1 号"在距离哈雷彗星 1400 万千米处开始对哈雷彗星进行考察,拍摄到数十张高质量的哈雷彗星照片。3 月 6 日 "韦加 1 号"在距离哈雷彗星只有 8900 千米的地方做了综合考察,首次拍摄到彗核照片, 照片显示出彗核是由冰雪和尘埃粒子组成的。1986 年 3 月 9 日,"韦加 2 号"在距离哈雷彗星 8200 千米处飞过,发回 700 多张哈雷彗星照片,拍摄到了清晰的彗核照片,传回有关彗核的物理化学特性、彗核周围气体与尘埃等方面的新情况。

经过对"韦加号"发回的照片反复比较分析，科学家认为，哈雷彗星彗核的形状如同花生壳模样，长约 11 千米，宽 4 千米。另外科学家还首次发现彗核中存在二氧化碳，并找到了简单的有机分子，因此他们认为从彗核中可以寻找到生命起源的线索。

其他国家对哈雷彗星的探测

1985 年 7 月 2 日，欧洲航天局发射"乔托号"哈雷彗星探测器。它是用欧洲"静止科学卫星"改造的自动探测器，外形是直径 1.8 米、高 3 米的圆柱体，重 950 千克。它由"阿丽亚娜"火箭发射进入一条绕太阳运行的螺旋形轨道。它于 1986 年 3 月 14 日从离哈雷彗星彗核中心 607 千米处掠过，拍摄了 1480 张彗核照片。照片上显示彗核凹凸不平，参差不齐。它测得彗核长 15 千米，宽 8 千米，比"韦加号"测得的数据大一些。在进入彗尾时，它还对周围的粒子进行了分析。"乔托号"对哈雷彗星的探测具有重要价值。

日本于 1985 年 1 月 8 日发射"先驱者号"彗星探测器。这个探测器呈圆筒形，直径 1.4 米，高 0.7 米，重 138 千克。它在 1986 年 3 月 11 日从离彗核 700 万千米的地方飞过。日本还于同年 8 月 19 日向哈雷彗星发射了"彗星号"探测器。它于 1986 年 3 月 8 日从距离彗核 15 万千米的地方掠过，拍摄到了彗核周围的氢冕。

美国宇航局与欧洲航天局最早拟订了一项联合考察哈雷彗星的计划。他们打算在 1985 年发射一个自动探测器。该探测器到达离彗星 13 万千米处放出一个副探测器，后者将一直飞到离彗核几百千米处进行考察。主探测器则将继续前行,于 1988 年飞到坦普尔 2 号彗星附近,考察这个彗星。由于资金短缺,这项计划还未开始执行就被美国当局砍掉。美国当时只计划用空间望远镜对哈雷彗星做几次观测。后来,美国启用了还在太空运行但已完成探测任务的"国际日地探测者 3 号"卫星来担负探测哈雷彗星的使命。它是 1978 年 8 月 12 日发射上天的。美国把它的轨道加以修正,并易名为"国际彗星探测者",利用探测器上的 6 台仪器观测彗星。1986 年 3 月 28 日,它从哈雷彗星背日面的彗尾掠过时,探测了哈雷彗星周围的环境特性。

这次对哈雷彗星的探测,使人们对哈雷彗星有了比较完整的了解。

飞向天王星和海王星

半个多世纪前,天王星和海王星还只能是光学望远镜和射电望远镜的观测对象,人们对它们知之不多。今天,人类制造的探测器早已飞向它们,进行探测,还拍摄了照片,人们对它们已经有了更多的了解。

"旅行者 2 号" 近探天王星

天王星是太阳系中离太阳第七远的行星,距离太阳 28.69 亿千米。从直径来看,它比木星、土星小,是太阳系中第三大行星。天王星的体积比海王星大,质量却比海王星小。它是英国天文学家赫歇耳用自己制造的望远镜于 1781 年 3 月发现的。

"先驱者 10 号" 1979 年飞过天王星，1983 年越过海王星。"先驱者 11 号"探测了土星之后，从天王星近旁掠过，1983 年 6 月 13 日，它越过了海王星。

　　1977 年 8 月 20 日，"旅行者 2 号"探测器从美国卡纳维拉尔角的肯尼迪宇航中心发射升空。经过 8 年的漫长岁月和 48 亿千米的长途跋涉，"旅行者 2 号"于 1986 年 1 月 24 日从距离天王星的最近点飞过。它从 1985 年 11 月 24 日就开始了对天王星的观测，观测一直延续到 1986 年 2 月 25 日。

　　像土星一样，天王星周围也有由灰尘、冰块和石块组成的光环带。在"旅行者 2 号"飞抵天王星之前，天文学家已经确认天王星共有 9 个光环。"旅行者 2 号"又新发现两个光环。

　　"旅行者 2 号"在成功地拍摄了天王星光环的同时，还发现了两个"牧羊卫星"，它们的直径分别为 15 千米和 20 千米。这种卫星能给光环带以力学影响，保护光环使之不致破裂四散，它的作用就像牧羊人管理羊群那样，因此取名为牧羊卫星。这种牧羊卫星首先在土星一个光环附近找到。天文学家预测天王星环带附近也有牧羊卫星，后来果然被"旅行者 2 号"观测到。

　　"旅行者 2 号"详细考察了已知的 5 个"老"卫星，发回了许多精彩的照片。从这些照片看，这 5 个"老"卫星的地貌多彩多姿，简直可以说是太阳系固体天体表面地形的缩影。"旅行者 2 号"还新发现了 8 个卫星，其中最大的一个直径为 130 千米，其余的直径在 50～90 千米。

　　"旅行者 2 号"从 1986 年 1 月 10 日开始传送回天王星本体照片。原来天文学家预测天王星大气中氦的含量约为 40%，但这次"旅行者

2号"的观测表明,氦的含量为 10%～15%,其余绝大部分是氢,这个比例与木星的大气组成相似。

天王星环绕太阳公转一圈的时间为 84 个地球年。由于它非常特别的公转"姿态",在天王星的一年中,太阳光可以轮流照射在它的南极和北极。

人们根据 1986 年"旅行者 2 号"发送回的天王星两个云块连续运动的照片推测,天王星的自转周期在 16～17 小时之间。后来"旅行者 2 号"捕捉到天王星发出的射电波,确认天王星的自转周期是 17.9 小时。

天王星发出射电波是由于磁力线附近的电子运动而产生的,这表明天王星存在磁场。"旅行者 2 号"在最接近天王星前 10 小时 30 分突入天王星磁层,测得其磁场强度比地球的略低一些。

"旅行者 2 号"近探海王星

"旅行者 2 号"在近探天王星以后,继续往前飞,于 1989 年 8 月 25 日飞近海王星,成为迄今为止唯一探访过海王星的人造装置。这次短暂的探访提供了关于海王星的许多新信息。

海王星是八大行星中离太阳最远的行星。从直径上看,它也是太阳系中第四大天体。海王星直径小于天王星,但质量比它大。海王星距离太阳 44.97 亿千米。

海王星是八大行星中最晚被发现的。

从发现天王星之后,科学家在研究天王星运行轨道的过程中,发现天王星运行轨道同计算出来的轨道不完全一样。有人推测,在天王星的外面还有一个行星在吸引着天王星。英国剑桥大学学生亚当斯根据力学原理，运用数学的方法推算这个新行星的位置。经过两年多时间的推算，他终于在 1845 年算出了这个新行星的位置。这时，他只有 26 岁。几乎在同一时间，法国巴黎工科大学青年教师勒威耶，利用工作之余从事天文学研究，同样用数学方法推算出这个新行星的位置。他把推算的结果写信告诉德国柏林天文台的伽勒。1846 年 9 月 23 日，伽勒把望远镜指向勒威耶所说的位置，在那里真的看到了一个新的行星——海王星。

海王星的组成成分与天王星很相似，内部是由熔岩、水、液氨和甲烷的混合物组成的。海王星大气中含有高浓度的甲烷和硫化氢。甲烷赋予了海王星云层蓝色的外观。海王星也有环，但很暗。到现在人们已发现海王星有 13 颗卫星和 5 条光环。

海王星上存在着活动大气，大气中有 3 块显著的亮斑和 2 块暗斑。比较大的暗斑称"大黑斑"，长约 12000 千米，宽约 8000 千米，它与木星的大红斑在许多方面都非常相近，实际上是一个大气旋。海王星大气形态存在着剧烈而迅速的变化。像海王星这样远离太阳的行星是如何获得如此巨大的能量来驱动它的大气的，原因还搞不清楚。"旅行者 2 号"还发现海王星也有磁场和磁层。

从"夸父逐日"到探测器飞向太阳

人类几乎是自诞生以来就注意到太阳与自己生活密不可分的联系。在各国民间，几千年来流传着各种各样有关太阳的美丽动人的神话和传说。诸如，中国的后羿射日、夸父逐日；希腊神话中每天驾驶四匹火马拉的太阳车划过天空给世界带来光明的太阳神赫里阿斯；天神普罗米修斯从太阳车上把天火偷给地上人类而遭到众神之王宙斯的严惩；北欧神话中的太阳女神苏尔驾驭太阳车为大地送来光和热；美洲古印第安人的阿兹特克、印加、玛雅等帝国都有自己独特的有关太阳的神话。这些都反映了人类对太阳的关注。

"夸父逐日"的故事

我国两千多年前的奇书《山海经》，记述了一个名为"夸父逐日"的神话故事。

《山海经》中关于这个神话故事的原文是："夸父与日逐走，入日。渴，欲得饮，饮于河、渭；河、渭不足，北饮大泽。未至，道渴而死。弃其杖，化为邓林。"

它的意思是，古时候有一位叫"夸父"的人，他追赶太阳，追到太阳身边。因炎热而口渴，他喝干了黄河、渭水，仍嫌不足。于是，他继续往前走，想去喝北方大泽的水。还没走到，他就渴死了。他的手杖弃于路边，长成了一片桃林。

太阳照耀着万物生长，人类的生存离不开太阳。太阳是什么？太阳上面有什么？为什么太阳能千百万年发出光和热，而且光和热始终不会衰减？亘古以来，人们就很想亲自到太阳上去探个究竟。"夸父逐日"的神话故事反映了人类的这个愿望。

太阳炽热的高温，表面的黑子，巨大的耀斑爆发，深邃奇妙的日冕，以及太阳风等许多未知之谜，期待人们去解决。

少儿科普名人名著书系

20 世纪 60 年代以来，世界各国发射的许多科学观测卫星，如美国研制的"先驱者"6 号至 11 号和"旅行者"1 号、2 号探测器，都同时承担观测太阳的任务。

随着宇航科学技术的发展，飞向太阳、就近探测太阳的愿望终于成为现实。

联邦德国与美国合作，于 1974 年 12 月 10 日发射"太阳神 1 号"，1976 年 1 月 15 日发射"太阳神 2 号"，主要用于观测太阳表面及其周围空间发生的各种现象。它们先后进入离太阳最近 4500 万千米的日心轨道，比以前所有空间探测器都更接近太阳。"太阳神号"探测器装有 8 种仪器：等离子体探测器、磁通门式磁强计、线圈式磁强计、射电探测仪、空间望远镜、电子探测仪、黄道光光度计和微流星分析器，用来研究太阳、太阳—行星关系和水星轨道以内的近日行星星际空间，探测太阳风、行星际磁场、宇宙线、微流星体和日冕的变化等。

"尤利西斯号"太阳探测器

1990 年 10 月 6 日，美国"发现号"航天飞机，在太空成功施放"尤利西斯号"太阳探测器，把对太阳的探测活动推向一个新的阶段。

尤利西斯是古罗马神话中的英雄，对应古希腊荷马史诗《伊利亚特》中的英雄奥德修斯。荷马是一位生活于公元前 9 至前 7 世纪的古希腊盲诗人。《伊利亚特》叙述了古希腊和特洛伊之间持续 10 年的战争。故事最后，希腊将领奥德修斯（尤利西斯）使用"木马计"打入特洛伊。

这个太阳探测器以尤利西斯命名，也许意在希望它能像"特洛伊木马"那样钻到太阳身边,破解太阳的秘密。

"尤利西斯号"重370千克,携带有放射性同位素热电发生器,为探测器提供能量,装有9台科学仪器,用于探测太阳两极及其巨大的磁场、宇宙射线、宇宙尘埃、γ射线、X射线、太阳风。

"尤利西斯号"探测器1994年8月飞抵太阳南极区域并绕太阳运转,9月30日飞出太阳北极区域进入外层空间。它绕太阳飞行的轨道呈椭圆形,离太阳最远时为8亿千米,最近时为1.93亿千米。当"尤利西斯号"从太阳南极上空横跨太阳赤道飞向太阳北极上空时,可以对太阳表面一览无余,能够全方位地观测太阳。

过去,人类对太阳的探测仅局限在太阳赤道附近区域,对太阳的其他区域特别是两极的情况的了解少得可怜。"尤利西斯号"的探索目标是太阳,它最重大的发现全都与太阳有关。科学家认为"尤利西斯号"的探测是20世纪末一次重要的宇航活动,它使人类对太阳的认识上升到一个新高度。

"尤利西斯号"的设计服役期限仅为5年,到2008年已经服役17年,超期服役12年多。探测器上的钚燃料能量逐渐减弱,难以提供足够热量,"尤利西斯号"无法操纵,再也无法传回数据。"尤利西斯号"被"冻死"在外太空,只能永远默默地绕着太阳运行,却像尤利西斯那样,声名永存人间。

中国的"夸父计划"

2007年6月,我国通过了"夸父——太阳风暴、极光及空间天气计划"科学目标及观测项目论证报告。这个计划简称"夸父计划",是锁定太阳的深空探测计划。

计划规定,发射三颗卫星,组成综合观测系统。一个是位于太阳和地球联结线上的所谓"第一拉格朗日点"(也就是太阳与地球引力范围之间的平衡点,大约距地球150万千米)。另外两个卫星是"夸父B1""夸父B2",它们分别位于地球磁层内南极和北极上空,沿地球极轨飞行。这个系统可以对太阳—地球空间进行24小时的监测。

由于2013年是最近的一次太阳活动高峰年份,2012年到2014年太阳活动会很强烈,科学家建议"夸父计划"的三个卫星在这个时间段内发射,主要是为了观测到新的日地物理现象,进一步揭示日地空间风暴机理,监测行星际扰动传播,为灾害性空间环境预报提供观测数据,初期飞行时间定为2到3年。

由于多方面原因,"夸父计划"仍处在暂缓执行时期。但我们仍期待它能早日实现"逐日"的目标。

十九、飞向太阳系外寻觅人类兄弟

别的太阳系有生命吗

太阳是一个冒着熊熊大火的火球。从地球上看，天空好像只有这一个又大又亮的太阳。其实在宇宙中，像太阳这样的大火球多得数也数不清。在秋天的夜晚，你可以看见天空中有一条白茫茫的带子。这就是银河。银河并不是真正的河，用天文望远镜可以看到，它是一片密密麻麻的星星。这些星星都是一个一个的恒星，只是因为它们离我们太远，看起来就非常小。在银河所在的空间里，恒星的数量约在 1000 亿到 4000 亿之间，我们的太阳也是其中的一个。人们把这些恒星组成的恒星大集团叫作银河系。

在银河系里，除了我们的太阳系，别的地方会不会也有生命呢?

大家知道，太阳本身是一团烈火，上面不可能有生命。我们可以肯定，在银河系内的恒星上，都不可能有生命。如果太阳系之外还有生命的话，它们只能生存在围着这些恒星转的行星上。

那么，在银河系里，除了我们的太阳有八大行星，其他的恒星有没有行星呢？

行星太小了，本身又不发光，人们在地球上用先进的望远镜，也没法看清楚别的恒星附近到底有没有行星。虽然这样，但人们还可以用别的办法来推测。

太阳有一股巨大的引力把地球和其他行星紧紧拉住，使它们永远环绕着它转圈子。这些行星也有一股引力拉着太阳，虽然太阳比行星重得多，但也会被拉得左右晃悠。据科学家计算，太阳每晃悠一次，需要 59 年左右。

根据这个道理，如果发现别的恒星也像太阳一样晃悠，那么可以猜测，它们可能也有行星。

银河系里会这样晃悠的恒星可不少。例如离我们最近的一颗恒星——半人马星座的比邻星就经常这样晃悠，看来它很可能也有行星。科学家们估计，银河系里大部分恒星都有行星在环绕着它们转圈子。

在这些恒星周围的行星上，会不会有生命呢？会不会有像人类这样的高级生命呢？

生命一定要在适当的环境里才能生存，不是在所有的行星上都能够存在的。有生命存在的行星，至少得具备下面四个条件：

（1）行星离自己的"太阳"不能太远，也不能太近。太远，行星上的温度太低；太近，行星上的温度太高，都不适合生命生存。

（2）行星公转轨道要接近圆形，不能太扁。行星公转的轨道太扁，一年之间的温度相差就太大，也不适合生命的生存。

（3）行星不能太大，也不能太小。行星太大，它的引力太大，生物活动起来太不方便；太小，它的引力太小，连空气和水蒸气的分子也拉不住。没有水和空气，生命是无法生存的。

（4）行星不能太年轻。地球从形成到出现人类，经过了四五十亿年的时间。太阳的年龄就更大了。因此，在年龄比较轻的恒星周围，也不可能有生命。

这样看来，在银河系里，有生命的行星可能不会太多。不过这句话说对，也不对。科学家们算了一下，大概每 10 万到 100 万颗恒星之中，只有一颗恒星的行星上可能有生命。这个比例是很小的。但是银河系里有几千亿颗恒星，就可能有几十万到几百万个有生命的太阳系。这个数目不算小。并且在我们的银河系外面，还有无数个由几百亿个恒星组成的其他的星系。因此就整个宇宙来说，有生命的行星也就多到无法计算了。

看来，人类在宇宙中并不是孤单的，在别的恒星附近的行星上也许会有人类的兄弟。

飞向太阳系外的人类使者"先驱"

从 1972 年起，人类向太阳系外发射了 4 个深空探测器，希望能找到外星人和地外文明。

"先驱者"10号和11号、"旅行者"1号和2号,在先后探测了木星、土星、天王星和海王星之后,分别于1989年6月、1990年2月、1988年11月和1989年10月开始飞出太阳系,到银河系深处去寻觅地外文明。

　　1972年3月2日,美国发射"先驱者10号"深空探测器。它第一个踏上飞向太阳系外的征途,成为人类首位飞向太阳系外的使者。

"先驱者 10 号"探测器

　　"先驱者10号"是六面体环形结构,高2.4米,最大直径2.7米,重258.5千克,载有12台科学仪器,用2台放射性同位素热电发生器作为电源。"先驱者10号"于1973年12月3日飞近木星,1976年掠过土星,1979年飞过天王星,1983年越过海王星。

　　"先驱者10号"最初设计寿命是21个月,但它延续了20多年,为人类带来许多非常宝贵的宇宙探测资料。

　　1981年7月,"先驱者10号"到达距太阳37亿千米处,并进行了探测。它发现,太阳大气层的范围十分广阔,其边界远达150亿千米处,大约是地球到太阳距离的100倍。由于"先驱者10号"距离地球实在遥远,它的这些探测信息,经过3小时28分钟才传回地球。

　　1983年6月13日,美国宇航局宣布,经过11年的飞行,"先驱者10号"已经长途跋涉了56亿千米。

　　"先驱者10号"1989年6月飞出太阳系,成为飞出太阳系的第一批人造探测器之一。

1997年3月，经过整整25年的长途飞行，"先驱者10号"已经飞到了距离地球100多亿千米的宇宙空间，它发出的无线电信号需要9个小时才能到达地球。这时，探测器上能正常工作的仪器只剩下6台。由于动力差不多用完，它已经没有办法继续发回有价值的科学信息，因此，1997年3月31日，科学家们怀着恋恋不舍的心情切断了与"先驱者10号"的通信联系。这个世界上工作时间最长的太空探测器在为人类忠实地服务了25年之后光荣"退休"。

随后，"先驱者10号"在寂静中继续它那漫长的太空旅程。

"先驱者10号"似乎对地球依依不舍，有一种割不断的情缘，仍然继续向地球发回微弱信号。2004年2月26日，美国宇航局宣布，"先驱者10号"在经过30多年的太空探索后，向地球最后一次发回了信号。之后，它因放射性同位素能源耗尽，与地球完全失去了联系。

1973年4月6日，美国发射"先驱者11号"探测器。它同"孪生兄弟""先驱者10号"几乎一模一样，只是多带了一个名为磁强计的仪器。

"先驱者11号"于1979年9月掠过土星，在飞越天王星之后，于1983年6月13日掠过海王星，随后飞向太阳系外。科学家们为"先驱者11号"设计的飞行路线与"先驱者10号"不大一样，"先驱者11号"在1990年2月23日才飞离太阳系，成为继"先驱者10号"、"旅行者"1号和2号之后第四个飞出太阳系的人造装置。

1995年10月2日，"先驱者11号"携带的能量耗尽，科学家们终止了与它的联系。

现在，"先驱者10号"和"先驱者11号"像两个断线的风筝一样，正自由地在茫茫宇宙中翱翔。它们不会自行销毁，将永远存在下去。科学家们预计，也许很多年后它们会到达一个名叫毕宿五（金牛座α星）的星球。

"旅行者" 探测器飞向遥远恒星

美国在1977年又向太阳系外发射了"旅行者"1号和2号探测器。它们担负着与可能存在的外星人进行联系的重任。

两艘"旅行者"携带的仪器和能源设备比"先驱者"更先进，在探测木星、土星、天王星和海王星过程中有大量惊人发现。"旅行者"1号和2号形制大体相同，重约815千克，是"先驱者号"的3倍多。

两艘"旅行者"都是在美国佛罗里达州的卡纳维拉尔角用"泰坦3号E半人马座"火箭发射升空的。

"旅行者1号"探测器于1977年9月5日踏上飞向太阳系外的征程。

探测器主体是扁平的十面棱柱体，携带的科学探测仪器共有十种，主要是摄像设备和各种空间环境探测设备。

"旅行者1号"探测器

"旅行者1号"由于发射前出现故障，发射时间比"旅行者2号"晚半个月，但它进入的是一条较快的轨道，反而比2号早一点到达木星及土星。1979年3月5日它飞到离木星最近的地方,随后飞向天王星和海王星,于2014年9月飞离太阳系。"旅行者1号"是四艘飞向太阳系外的探测器中最晚踏上征程的,却第一个飞离了太阳系。

1998年2月,"旅行者1号"超越了"先驱者10号"探测器,成为当时飞得最远的人造飞行器。

2005年11月,"旅行者1号"以17.2千米/秒的速度前进,比"旅行者2号"速度快10%。2006年8月15日,"旅行者1号"在它升空后的第29年,到达距离太阳150亿千米处。这个距离比起当时太阳系的任何自然物体离太阳都要远。它发回的电子信号,比电子手表发出的信号都弱。

"旅行者2号"于1977年8月20日发射。"旅行者2号"循一个较慢的轨道飞行,携带强大的摄影机及大量的科学仪器造访了木星、土星、天王星、海王星及其卫星。科学家认为,它是获得成果最多的一个探测器。

1986年1月,"旅行者2号"就近观察了天王星,1989年8月25日,它逼近海王星。"旅行者2号"于2018年12月飞离太阳风层,成为第二个进入星际空间的探测器。

美国宇航局估计,两个"旅行者"探测器上的电池,都能够提供足够电力供其部分仪器继续操作到2025年。

中国名曲、长城形象飞向别的太阳系

两个"先驱者"和两个"旅行者"探测器都携带了给外星人的一份特殊礼物——特制的"地球名片"。

人们期望,它们作为地球飞向太阳系外的使者,携带这种表征和介绍地球与地球人的珍贵礼物,漫游于茫茫宇宙,有一天能与地外文明相遇。这个机会虽然十分渺茫,犹如大海捞针,但人类仍然寄予厚望,期待几十万年后也许会在茫茫宇宙中找到第一个知音。外星人也许会通过"地球名片"知道地球和地球人,同地球人交往。

"先驱者""地球名片"包含地球及地球人示意图

"先驱者10号"和"先驱者11号"探测器,都携带了给外星人的"地球名片"。"名片"宽7.5厘米,长13.5厘米,上面刻着这样一些图案:一男一女两个地球人,男人右手举起,表示向外星人致意。他们的背后是"先驱者"探测器抽象的外形,脚下则是10个大小不等的圆圈,表示太阳和"九大行星"的相对位置。从表示地球的圆圈还引出了一条带箭头的曲线,箭头的边上画着一个三角形的小符号,表示"先驱者"探测器是从地球飞来的。"名片"上还刻着14条辐射线,代表14颗脉冲星,表示我们的太阳系和14颗脉冲星的相对位置。

"先驱者"的"名片"用经过特种工艺处理的镀金铝板制成,数亿年都不会变形。

"地球名片"的设计者是美国康奈尔大学的天文学家卡尔·萨根与另一名科学家和一位艺术家。卡尔·萨根说:"如果我们在地球之外发现了另一个文明社会,人类的历史将进入一个崭新的阶段。"

"旅行者""地球名片"包含中国名曲、长城形象等

两个"旅行者"探测器也携带了"地球名片"。"旅行者"的"地球名片"比"先驱者"高档了许多。它们是直径30.5厘米的镀金铜质声像唱片,连同金刚石唱针,密封在一个铝盒内。它们经过特殊处理,可以保存10亿年。

"旅行者""地球名片"的用意是,让外星球的生命偶然发现"旅行者"探测器时,能够知道地球人对他们的问候,并通过上面的象形文字知道如何播放该唱片。

这个称为"地球之声"的声像唱片,一面录制有115幅照片,另一面是90分钟的声乐集,录有联合国秘书长和美国总统的贺词、35种地球自然界声响、60种语言的问候语、27首世界古今乐曲。

115幅照片,基本上反映了全人类形态、工作、生活、文化、艺术、科学技术,以及地球环境,自然界各种现象,生物、生态的概貌,包括地球、太阳及它们在银河系里的位置,地球人的细胞组成,男女性别,家庭组成,旧金山的金门桥、中国的长城、印度高速公路高峰期的盛况以及一幅人类胎儿照片。

收录的35种自然现象的声音,包括婴儿哭声、海浪拍打声等。

60种人类语言中包括了古代美索不达米亚阿卡德语等非常冷僻的语言,以及4种中国的语言(普通话、厦门话、广东话、吴语)。录

制的人类对外星生命的问候语是："行星地球的孩子(向你们)问好。"

"旅行者1号"收录的27首世界名曲,包括中国京剧和古曲《高山流水》、莫扎特的《魔笛》和日本的尺八曲等。

唱片还包括了以下内容:

时任联合国秘书长库尔特·瓦尔德海姆的问候。

时任美国总统卡特的问候,内容是："这是一份来自一个遥远的小小世界的礼物。上面记载着我们的声音、我们的科学、我们的影像、我们的音乐、我们的思想和感情。我们正努力生活于我们的时代,进入你们的时代。"

"旅行者2号"的"地球名片",选录了10首世界最具代表性的歌曲,其中唯一的中国歌曲是《康定情歌》。

《高山流水》是中国古代著名琴师俞伯牙所作并流传至今的一首古琴曲。伯牙抚琴遇知音钟子期是人们广泛传颂的感人故事。《康定情歌》是享有世界声誉的民歌,还成为世界三大歌王之一的多明戈2001年5月在北京人民大会堂演唱的重要曲目。长城是世界最雄伟的建筑之一。外星人接触到"旅行者"飞船携带的"名片"后,也许会从这些方面最早了解地球上的中国人。

发现重大的太阳系边缘之谜

两个"先驱者"和两个"旅行者"探测器都已飞向太阳系外,跨越了太阳系的边界。在跨越太阳系边界的时候,它们都遇到太阳系边缘一些十分重大的难解之谜。

太阳妈妈不愿意 "先驱者" 孩子离去

"先驱者 10 号"和"先驱者 11 号"探测器的使命早已结束,与地球的联系也已全部中断。不过,它们仍然继续前进,并且已经到达太阳系边缘地带。

然而美国宇航局的专家们发现,两部探测器的运行出现了很大的异常:不知什么原因,"先驱者 10 号"和"先驱者 11 号"的前进速度不约而同发生减慢现象,好像太阳妈妈不愿意两个"先驱者"孩子离去。

这种无法解释的现象被称为"先驱者号异常",似乎有种神奇的力量一直在影响两艘"先驱者"的运行。在探测器远离太阳系的时候,这种神奇的力量使得它们的运行速度减慢。这种力量是否源于探测器自身,可能是探测器漏气或者是自身结构发生的改变导致它们的运行速度减慢? 是不是太空中的一些暗物质的影响? 还是一些物理学新规律在起作用? 像这样一些问题,科学家迄今不能给出准确答案。

美国宇航局专家小组认为,两个"先驱者"探测器出现的异常情况均是值得密切关注的。科学家们表示,不排除对这一现象的研究将导致现有物理学定理发生根本变化的可能性。

为了研究"先驱者"出现的异常情况,美国宇航局准备发射携带专门测量仪器的宇宙飞船。这种飞船携带高灵敏度的测量仪器,以便及时记录下船体运行的微小变化。其次,飞船还具备较高的飞行速度,使它能够在发射后的 15～20 年内到达开展研究所需的位置。也许,美国宇航局专家们将在新建造的飞船上安装各种必要的传感器,以便搜集有价值的信息用于改进今后各种探测器的结构设计。

"旅行者""目睹"太阳系边缘奇景

两个"旅行者"探测器到达太阳系边缘时,我们读到了两个新词——"激波边界"和"太阳风鞘"。

两个"旅行者"探测器在先后访问土星后,就开始分道扬镳。"旅行者 2 号"在越过土星后,又继续访问了天王星和海王星。最后,它大体上沿着太阳系诸行星的轨道平面飞向太阳系边缘。"旅行者 1 号"则沿着从太阳系诸行星的轨道平面向上的方向飞向太阳系边缘。由于飞行轨道的不同,两个"旅行者"探测器飞到太阳系边缘花费的时间相差很多。

2004 年 12 月,"旅行者 1 号"穿越了名为"激波边界"的区域,抵达了名为"太阳风鞘"的太阳系边缘区域。

将近三年以后,2007 年 8 月,"旅行者 2 号"在距太阳大约 125 亿千米的位置穿越了激波边界区域,对激波边界进行了就地直接观测,这是人类历史上第一次收到太阳系边缘的信息。

由于太阳风压力的变化和波动的影响,"激波"像波浪一样在不断来回地拍打这一边界。激波边界并不是静止不动的,而是沿径向来回运动,"旅行者 2 号"飞船出现了在不长的时间内 5 次通过激波边界的情况。

太阳外层大气不断发射出稳定的高能量粒子流。这种太阳粒子流就是太阳风。太阳风以每小时 160 万到 320 万千米的速度从太阳吹向四面八方,吹得越远,其中的粒子就越稀少,"风速"就越慢。太阳风在太空中能够达到的最远处，就是太阳风边界。在太阳风边界，太阳风的"风力"同恒星际气体（由恒星际粒子构成）压力、银河磁场和宇宙线压力相平衡。科学家估计，太阳风边界离太阳约150亿千米。

以太阳为核心，太阳系的整个"势力范围"在天文学中被称作"日光层"，也就是太阳风所能到达的最远处连成的一个"虚拟囊泡"。太阳和太阳系行星等，都被虚拟囊泡囊括在其中。

激波边界是太阳风在恒星际气体压力下速度降低的地带，科学家对它了解得还很少。它是一片只在科学家假设中出现，却从未被观测到的领域。科学家认为，激波边界同太阳的距离是125亿到180亿千米。在这个地带，太阳风的速度急剧下降，太阳风粒子密度加大，温度也升高了。本来以超音速运动的太阳风粒子在这里骤然减速到亚音速，产生了"激波"。由于恒星际气体压力变化，这个区域经常收缩或膨胀，很难清晰确定它的边界。

美国科学家说，"旅行者"穿越激波边界的最大收获，是更清楚地描述了激波边界。

早先科学家曾推测过激波边界同太阳的距离，后来认为，它的位置会随太阳风的强弱而不断变化，可能距离太阳135亿至150亿千米。而"旅行者1号"穿越激波边界时距离太阳140亿千米，证实了科学家们的这一推测。但是，令天文学家吃惊的是，"旅行者2号"穿越激波边界时与太阳的距离，要比3年前"旅行者1号"穿越激波边界时与太阳的距离近大约15亿千米。

太阳系的主要行星和其他许多天体大体处在同一平面上，也许很多人因此认为太阳系是扁平的。不过，许多学者认为，太阳系的形状更可能是个不太严格的球形。美国科学家说，两个"旅行者"以完全相反的方向穿越太阳系边缘时与太阳之间的距离存在显著差异，这表明太阳系不像原先认为的那样是一个简单的对称大圆球，而应该近似椭球体，像个鸡蛋。"旅行者2号"发回的数据也表明，太阳系不是球形，而是不对称的。

美国宇航局科学家说，很多研究者以前认为，太阳系的形状是简单的、对称的，而现在看来，就像是有一只巨大的手在一侧推挤，使得它不对称。他们推断，这个推动因素来自包括太阳系在内的银河系内众多恒星系统之间的磁场作用。磁场对太阳系两端的作用角度不同，使得太阳系呈不对称形。负责"旅行者"探测器项目的科学家指出，磁场的这种差异作用可能是银河系内恒星爆炸产生的星际间动荡造成的。

早先科学家还推测，在激波边界处因为太阳风和恒星际气体的相互作用，低能量粒子的比例会大幅度增加，而高能量粒子会加速运动。"旅行者1号"发回的数据则表明，激波边界的低能量粒子确实大量增加了，高能量粒子却没有加速，这被科学家称为"最让人惊异的发现"。

与激波边界相连的太阳系最终边界区，称为"太阳风鞘"。太阳风鞘是太阳风与星际空间稀薄气体交界的神奇地域。太阳风鞘的外缘边界称为"太阳风层顶"。从太阳风层顶再往外，太阳风不再存在，而成为由星际粒子统治的区域。因此，穿越太阳风层顶之后，才算真正飞出了太阳系，飞到了太阳系之外的银河系空间。

科学家说，太阳风鞘状如泪滴，人类的宇宙飞船将从它最薄的地方飞出去,穿越太阳风层顶,进入星际空间。

科学家期望,会有更多探测器前往太阳风鞘区内探测,越来越多的太阳系边缘的自然奥秘将被人类所揭示。

2008年10月19日,美国发射"星际边界探测器",它的使命就是探索激波边界和太阳风鞘。这是人类发射的第一个专门探测太阳系与星际空间交界地带的探测器。相信在不远的未来,会有更多人类的探测器远远越出太阳系边界,探测星际空间。

恒星际载人宇宙飞船

现在,不载人宇宙飞船已经飞离太阳系,正在飞向其他恒星。虽然到达其他恒星需要几万年,甚至几十万年,但毕竟是开始了人类飞向其他恒星的征程。

人能不能飞向其他恒星呢?人怎样才能到别的恒星的行星上去旅行呢?

前面说过,宇宙飞船只要达到第三宇宙速度,即16.7千米/秒,就可以离开太阳系,向别的恒星飞去了。"先驱者"和"旅行者"都已经做到了。

这样说来,人从事恒星际旅行也不太困难了。

然而事情并不这么简单。离我们最近的恒星是半人马星座的比邻星。它离太阳4.2光年。一光年就是光线一年走过的距离。光线每秒钟走30万千米。你可以算一算,比邻星离我们差不多有40万亿

千米呢。如果宇宙飞船以 20 千米 / 秒的速度飞行,尽管这个速度已经超过了第三宇宙速度,也要 65000 年才能飞到。

这还是最近的恒星呢。如果要到牛郎星或织女星去,那就更了不得了。牛郎星离我们 16 光年,织女星离我们 26.3 光年。要多少时间才能来回一趟呀!

目前的多级火箭、捆绑式火箭,对恒星际旅行来说,是无能为力的,必须创造新的工具,这种工具的速度应该接近于光的速度。科学家们已经提出了光子火箭的设想。

我们用手指一按手电筒的按钮,一股光就射了出去。光线射出去的时候,就像气体从火箭口喷出去一样,也会产生反作用力。那么我们拿着手电筒的手,为什么并不觉得有这股反作用力呢?这是因为这股反作用力太弱了。如果光线十分强烈,这股反作用力就会很大。

怎样才能得到强烈光线呢?

我们知道,物质是由原子组成的,原子由原子核和核外电子组成,原子核一般由质子和中子组成。质子带正电荷;电子带负电荷;中子不带电,可是也有一定的磁性。另外有一种质子是带负电荷的,叫作反质子;有一种电子带正电荷的,叫作反电子;还有一种中子和前面所说的中子磁性正好相反,叫作反中子。这些反质子、反电子、反中子统称为反物质。反物质一旦同正物质接触,两种物质就会全部转化为光。在这种情况下,1 克物质放出的能量,就相当于世界上最大的水电站 12 小时发出的能量。

根据一些科学家的设想,光子火箭基本上可以分成三部分。第一部分是宇航员的座舱,在火箭的头部。第二部分是燃料库,在火箭的中部。火箭尾部是一面巨大的凹面反射镜。在第一部分和第二部分之间，有一层很厚的保护屏，保护屏使宇航员不会受到燃料发出的辐射的伤害。光子火箭开动的时候，储存在燃料库中的正物质和反物质被输送到凹面镜前面，在那里接触，转化为强烈的光，光由凹面镜反射出去，产生强大的反作用力，推动火箭前进。

当然，光子火箭在目前只是一个设想，真正建造起来还有许许多多困难。例如，目前地球上只有正物质，几乎没有反物质，从哪里得到大量的反物质呢？反物质和正物质一接触，立刻化为光。目前所有的储藏用具都是正物质做的，那么反物质怎样才能保存呢？正物质和反物质接触，不仅产生强烈的光，还产生极高的温度，会使一切物质化为气体。在这么高的温度下，怎样使火箭不至于熔化呢？

这些问题现在看来是很难解决的。但是，科学技术正在飞跃式发展。许多在几年、几十年前被认为是不可能的事，现在都变成了现实。我们相信，迟早有一天，人们会乘上光子火箭，到别的恒星去游历的。

生命的储存

也许有人还会提出：就算我们制成了接近光速的光子火箭，到织女星去一趟，来回也差不多要 60 年。这对人的生命来说，不也太长了一些吗？

这个顾虑看来也不是不能解决的。科学家设想，未来人的生命不仅足以到织女星去旅行,还可以到远得多的地方去旅行呢。

爱因斯坦在 20 世纪初提出了"相对论"。他发现,时间流逝的速度并不是一成不变的。对于运动速度比较快的东西来说,时间流逝的速度就比较慢。当东西的运动速度接近光速的时候,这个作用就十分明显。如果宇宙飞船的速度达到 299000 千米 / 秒,飞船上时间流逝的速度只有地球上的 1 / 38。由于时间流逝的速度变慢了,飞船上的一切过程也变慢了,例如钟摆的摆动、火柴的燃烧、呼吸的进行、食物的消化等,全都变慢了。因此,飞船上的人并不觉得时间变慢。但是,如果我们在地球上能看到飞船中的生活,就会觉得那里的一切简直慢得可笑。

根据爱因斯坦的这个理论,在地球上的人看来,宇宙飞船到某个星球去旅行,要花 380 年的时间,而对于宇航员来说,他可能只觉得过了 10 年。宇航员乘这种飞船旅行归来,他将会发现,他的年龄竟和自己第十几代的孙子差不多。

此外,科学家还提出一个方法,使人的寿命足以完成超远程的航行。这个方法就是把宇航员冰冻起来,装在宇宙飞船里,"储存"上许多年。在此期间,宇宙飞船完全由自动装置驾驶,等到达了目的地,自动装置会使人苏醒,让他从事各种考察活动。考察完毕,宇航员再用这种"储存"生命的办法飞回地球。

你别以为这纯粹是空想。自然界里就有类似的事情。1911 年,在西伯利亚的永久冻土带挖出了一只冻了几千年的猛犸象。科学家从其鼻黏膜中刮下一些东西培养,结果竟培养出了活的微生物。这些微生物的生命竟在这天然的冰箱里"储存"了好几千年。

科学家曾经试验，使某些植物冷到−200℃，后来这些植物仍然复活了。他们还把一些昆虫和其他小动物冰冻起来，这些小动物化冻以后也复活了。

　　这些事实说明，用冰冻的方法把生命"储存"起来，并不是不可能的，目前科学家正在这条道路上探索。也许有一天，我们将欢送"冰冻人"到遥远的恒星去远征呢！

二十、让我们一起来努力

飞向星星的故事远没有讲完

关于飞向星星的故事，讲到这里，似乎应当打住了。

亲爱的少年朋友，你读完这本小册子以后，有什么感想呢？

人类幻想飞向星星，已经有好几千年了。这个愿望目前已经部分实现了，尽管还只是很小的一部分。

今天，人已经飞进了太空，登上了月球，去太空旅游，人造探测装置已经在太阳系许多行星上着陆，探测器已经飞出太阳系，人们已开始考虑开发月球、登上火星等问题。

宇航事业的神速发展，是人们以前想象不到的。

当然，在星际航行的道路上，人类还只是迈出了第一步。从第一次走进太空、登上月球，到踏上其他恒星的行星上，还不知道要克服多少巨大的困难。但是我们相信，所有这些困难必然将一个又一个地被克服，人一定能够飞到火星、金星和其他恒星的行星上去。

飞向星星的故事远没有讲完，今后还会有很多很多的故事可讲。将来，人们会讲，人是怎样做到飞上火星的，人怎样把月球、火星改造成人们安居乐业的繁荣世界，探测器在太阳系外浩瀚无垠的银河系空间看到了什么，等等。

从"地理大发现"到"宇宙大发现"

英国著名物理学家斯蒂芬·霍金，是全世界公认的顶级理论物理学和宇宙学家。他认为人类正迎来"宇宙大发现"的时代。

霍金 2008 年 4 月 21 日出席美国乔治敦大学纪念美国宇航局成立 50 周年的活动时，在讲话中说："现在的情况有点像 1492 年之前的欧洲，人们也许会认为让哥伦布去航海纯粹是浪费钱。但新大陆的发现让旧世界得到了根本改变。"人类向外太空的扩展将带来比"地理大发现"更巨大的影响，将彻底改变人类的未来，甚至决定人类能否在未来生存。他说，现在，人类正迎来一个像哥伦布发现美洲一样的"宇宙大发现"时代。

霍金认为，为了人类的生存和延续，我们应该分散到太空居住，这是非常重要的。地球上的生命被一场大灾难灭绝的可能性越来越大。未来 100 年内人类应该移民外星球，建立不需要地球支持而能自我维持的太空移民地。他还认为，人类将在 30 年内在月球上建立基地，以开展长期的宇宙探索活动。他预言，在 200 ~ 500 年内，人类将发明新的推进系统，使得在太阳系外的宇宙空间开展载人探索变为可能。

霍金 1942 年 1 月出生于英国牛津，1962 年从牛津大学毕业，去剑桥大学读研究生。他 21 岁时患了肌萎缩性侧索硬化，1970 年起就只能歪靠在轮椅上。但病魔没能阻止他探索宇宙的步伐。1974 年，霍金提出，来自由恒星坍缩形成的黑洞发出的辐射（现在叫作"霍金辐射"）及黑洞的表面面积永远也不会减少。霍金 1973 年出版首部科学著作《时空的大尺度结构》，1981 年出版《超时空和超引力》。1985 年，他几乎完全丧失了生活和语言能力，当时医生曾宣布他最多活两年。1988 年他却出版了《时间简史》一书，此书自出版以来已被译成 40 多种语言，累计发行量突破 2500 万册。2004 年，他还可以靠三个手指控制计算机输入他想表达的词句，但自 2005 年起连手指也不能动弹，只能十分艰难地利用眨眼和眼光的移动通过带造音器的计算机同外界交流。这样，他一分钟只能处理 3 ~ 5 个词。2007 年，霍金又出版了与人合著的儿童科幻小说《乔治开启宇宙的秘密钥匙》。

霍金还积极参与社会活动。他 1985 年、2002 年、2006 年 3 次访问中国，向中国公众通俗地讲述宇宙的起源和归宿，鼓励年轻人投身科学。2018 年 3 月 14 日，霍金去世，全球各界纷纷悼念。

霍金已经成为对命运永不屈服精神和人类智慧的象征。他关于宇航事业巨大意义的论述，他坚强不屈地探索宇宙奥秘的精神，正鼓舞着一代又一代年轻人踏上"宇宙大发现"的征程。

宇航事业需要许多代人为之奋斗

宇宙航行是长期的、艰巨的事业。它要求许多代人为它进行艰苦的劳动。

有人问我国"嫦娥一号"工程总设计师兼总指挥、中国科学院院士叶培建:"'嫦娥一号'的幕后功臣有多大年龄?"叶培建说:"我们这个团队组建的时候,平均年龄不到30岁。"

宇航事业,是年轻的事业,也是年轻人的事业。

叶培建本人出生于1945年。1961年人类宇航员第一次冲出地球、飞入太空时,他还在上中学。今天,他已成为我国宇航事业的首席专家之一了。叶培建59岁时带领一支年轻的研制队伍,着手研制"嫦娥一号"卫星,用短短3年时间完成了研制。2007年10月24日,"嫦娥一号"在西昌卫星发射中心升空。

少年朋友们,努力学习科学知识吧!社会给我们创造了很好的学习条件,又给我们指出了努力的方向。只要认定了方向,刻苦地学习,你们一定能掌握高深的科学知识,为宇宙航行事业贡献出自己的力量,发出自己的光和热。

我们相信,未来的空间站科研队伍里,飞向月球、火星乃至更遥远太空的宇航员队伍里,宇宙飞船、空间站的建造者队伍里,一定会有你,有他!

亲爱的少年朋友,一起来努力吧!

后　记

1961 年夏天，北京北海幼儿园负责人打来电话说，现在，人飞入了太空，第一颗人造卫星早已飞上太空，探测器也飞向了月球，孩子们对这些都很感兴趣。夜晚，孩子们望着天上数不清的明亮的星星，问老师："我们能不能飞向星星？人为什么能飞向太空，飞向月球？人飞向太空会看到什么，会找到什么？"这位幼儿园负责人希望我能到北海幼儿园为幻想飞向星星的孩子们讲一讲这方面的故事。

我因此萌发了一个想法，要写一本通俗的小册子，回答幻想飞向星星的孩子们的问题，讲讲这方面许多有趣的故事。

1962 年春天，百花齐放的季节，《答幻想飞向星星的孩子》成稿。书稿寄到中国少年儿童出版社，我很快接到出版社资深少儿读物编辑笪中同志的电话。他说，出版社认为此稿正合时宜，且通俗易懂，决定出版。笪中对书稿做了认真审编，并请张中良同志画了许多很好的插图。《答幻想飞向星星的孩子》1964 年 4 月出版，印 5 万册，3

少儿科普名人名著书系

个月即卖完,同年8月第2次印刷,加印5万册,又很快卖完。

1978年7月,印度尼西亚华人读者曾仲献写信给我说,他读了此书,非常感兴趣,并希望作者进一步回答一些问题。这表明,此书发行到国外,受到国外读者关注。

20世纪80年代中期,我结识了航天部门一位年轻同志。他告诉我,1964年,他还是"红领巾"时买了一本《答幻想飞向星星的孩子》,读得入了迷,决心这一辈子要从事航天事业。后来他考入航空学院,毕业后分配到航天部门工作。现在他书架上还存放着这本书。

1977年,中国少年儿童出版社周以谟同志通知我,出版社决定再版此书。但初版已时隔10多年,宇航事业有很大发展,人类已登上月球,希望把这些新发展补充到书稿中。后来我同我国火箭与人造卫星研究设计专家朱毅麟同志一起修订,于1979年将本书改名为《飞向星星》出版。这本书第一次印刷数量就达到21万册。随后本书又出版了哈萨克文、朝鲜文、蒙古文、藏文版本,还出版了盲文版本。台湾引进出版了繁体字版。1981年,此书由共青团北京市市委、市教育局和多家媒体举办的"青少年课外读书活动"纳入《推荐书目(青年部分)》。

一晃,近30年又过去了。《飞向星星》的内容已经是明显落后了。2008年3月,湖北少年儿童出版社何龙同志打来电话说,出版社正策划出版一套"少儿科普名人名著书系","书系"编委、著名少儿科普作家郑延慧同志推荐《答幻想飞向星星的孩子》收入书系,问我是否同意。何龙说,此书初版至今已40多年,宇航事业已有巨大的发展,如再版,要对初版书稿作较多补充,建议出增订本。我接受了他们的建议。

本书在初版基础上修订。初版仅有 5.2 万字，本书增加了飞向太阳系所有行星、哈雷彗星、太阳以及飞向太阳系外的大量故事，增补到 18 万字，但仍使用初版书名。

本书 1964 年初版定位的读者对象是高年级小学生和中学生，讲一些同宇航有关的常识和最基本的原理。今天，宇航事业已大大发展，不仅已有 500 多人进入太空，12 人登上月球，而且人造探测装置已飞临太阳系所有行星，乃至飞出了太阳系。这些都需要介绍。因此，增订本比 1964 年初版篇幅增加了许多，讲的方面要广得多，内容要深一些。考虑到定位的读者对象，增订本尽量回避艰深的内容、深奥的道理和冷僻的术语。少数实在无法避免的，则作一些尽可能简明通俗的解释。

单樨同志在新华社参考新闻编辑部从事国际科技参考报道几十年，写了大量有关宇航的报道和文章，增订本使用了其中的许多内容。她对全书作了十分认真负责的审校。文军同志为本书进行了文字录入。

在本书出版之际，谨向上述诸位同志致以衷心感谢。

文有仁

2009 年 9 月

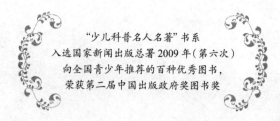

图书在版编目(CIP)数据

答幻想飞向星星的孩子 / 文有仁著. 一武汉:长江少年儿童出版社,2021.7
(少儿科普名人名著书系:典藏版)
ISBN 978-7-5721-1753-4

Ⅰ.①答… Ⅱ.①文… Ⅲ.①航天—少儿读物 Ⅳ.①V4-49

中国版本图书馆CIP数据核字(2021)第101147号

答幻想飞向星星的孩子 | 少儿科普名人名著书系:典藏版

出品人/何龙　**选题策划**/何少华　傅篾　**责任编辑**/胡星　陈晓蔓　**责任校对**/邓晓素
营销编辑/唐靓　**装帧设计**/武汉青禾园平面设计有限公司
出版发行/长江少年儿童出版社　**业务电话**/027-87679105
督印/邱刚　**印刷**/武汉中科兴业印务有限公司
经销/新华书店湖北发行所　**版次**/2021年7月第1版　**印次**/2021年7月第1次印刷
书号/ISBN 978-7-5721-1753-4
开本/680毫米×980毫米　1/16　**印张**/22.75　**定价**/40.00元

本书如有印装质量问题,可向承印厂调换。